U0038167

Heart Warming Life Series

Heart Warming Life Series

Heart Warming Life Series

Heart Warming Life Series

初學者也能完成的肩背包・托特包・百褶包・波士頓包・手拿包・迷你包

手作潮包日常提案

roll

縫合裡袋及表袋，最後再翻回，不可思議地就完成了有內襯的袋體，這就是「翻轉」技法。
由於所有縫份都被藏起來了，因此無需拷克、Z字形車邊、滾邊進行布邊處理，同時還作有裡袋，成品美麗，是網路紙型商店roll製包的慣用手法。

roll不但企劃包包、波奇包等商品設計，同時也進行製作。
為了便於在家手作的族群，便需要思考如何在沒有拷克機或滾邊專用零件的極普通環境下，製作出可作為商品的辦法。要怎樣才能夠簡單又有效率，並且美觀地製作出商品，為達到這樣的訴求，其中一個設計重點便是——翻轉技法。

從有返口的包，到乍看之下不知道返口在哪裡的款式，書裡將會出現各種各樣有趣的翻轉型態。由於在縫製過程中無法看見全貌，因此可享受翻轉時的心跳加速、興奮感，以及翻到正面後的感動，這些都是以翻轉技法製包的魅力。

若能夠讓您體會到藉由翻轉技法製作作品的趣味及歡樂感，我將會很開心！

roll　高見直子

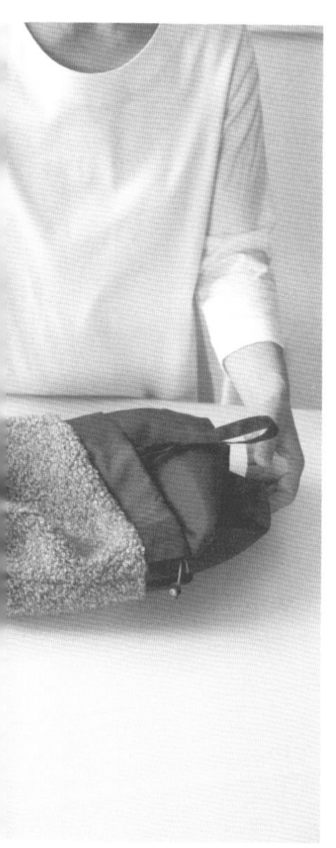

contents

※書中作品禁止複製販售（於店面、網路商店）。
請僅使用於享受手作樂趣。

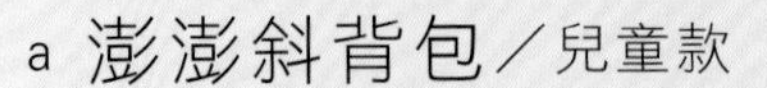

a 澎澎斜背包／兒童款
b 澎澎斜背包／大人款

只需縫合裁片各2片，
任何材質皆可製作，無需貼襯，
初學者也可以輕鬆完成。
→ 作法P.48

a

b

材料提供：〈表袋〉點與線模樣製作所／森（FIQ大阪店）、〈裡袋〉尼龍牛津布（淺草youlove）

單提把荷葉包

薄形且底部具有弧度的包，為避免內容物外露，作有束口設計。依照選擇的布料風格，可展現休閒感，作出高雅風格。

→ 作法P.39

材料提供：〈表袋〉marimekko／KURJENPOLVI 190（FIQ大阪店）、〈口布、裡袋〉尼龍牛津布（淺草youlove）

拉緊束口繩，口布部分就會
呈現荷葉邊狀

a
b

a 水桶形交叉提把包
b 水桶形單提把包

將提把加以變化的水桶包。雖然形狀類似室內鞋收納袋，但將底部作成橢圓形，即變身為成熟風格的時尚包款。

→ 作法P.52

材料提供：a・b〈裡袋〉尼龍牛津布（淺草youlove）

祖母包

可以輕鬆收納A4資料夾的尺寸。開口部分的弧線設計、細褶及圓潤的提把展現優雅感，為其一大特色。

→ 作法P.50

材料提供：〈表袋〉YUMI YOSHIMOTO／serenade（FIQ大阪店）、〈口布、提把〉LIBECO MOLE FABRIC（the linen bird）、〈裡袋〉500 rayon shuntung（淺草youlove）

a可作為肩背的設計。由
於側身寬度不會太寬，
外出攜帶也十分方便。

a 拉鍊托特包／大
b 拉鍊托特包／中
c 拉鍊托特包／兒童款

具有外口袋的托特包。b款是作為手拿包或散步時使用剛剛好的尺寸。c則是可當成後背包。

→ 作法P.54、P.87

拉鍊是在開口內側的設計。打開時，拉鍊會貼附於側面，因此便於開關。

背包以與大人款托特包相同布料製作也很棒！

a　b　c

材料提供：〈表袋〉BRITA SWEDEN／OVERSEAS（FIQ大阪店）、〈表底、裡袋〉帆布11號（倉敷帆布）

翻蓋後背包

以大大的翻蓋作為特色的後背包。在本體上下側作出褶襉及尖褶，完成具有圓潤感的形狀。

→ 作法P.56

材料提供：〈表袋、翻蓋〉LIBECO MOLE FABRIC（the linen bird）、〈裡袋〉尼龍牛津布（淺草youlove）

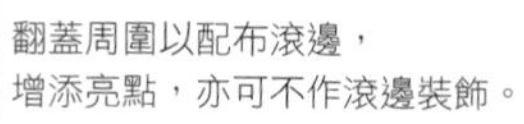

翻蓋周圍以配布滾邊，
增添亮點，亦可不作滾邊裝飾。

上蓋式方包

藉由在中央作出褶襉營造動態感，角落具有弧度的包款。以2片袋蓋重疊進行開闔。

→ 作法P.58

材料提供：〈表袋〉LIBECO MOLE FABRIC（the linen bird）、〈裡袋〉尼龍牛津布（淺草youlove）

澎澎肩背包

將P.6大人款包款的提把作得較短，用以肩背，呈現優雅圓潤的形狀。

→ 作法P.48

材料提供：〈表袋〉kuuki／ BLACK CHECK（FIQ大阪店）、〈裡袋〉尼龍牛津布（淺草youlove）

方形托特包／大・小

將開口側磁釦固定即成為梯形。大款適用於一日旅行的大容量，小款則非常適合作為便當袋。

→ 作法P.60

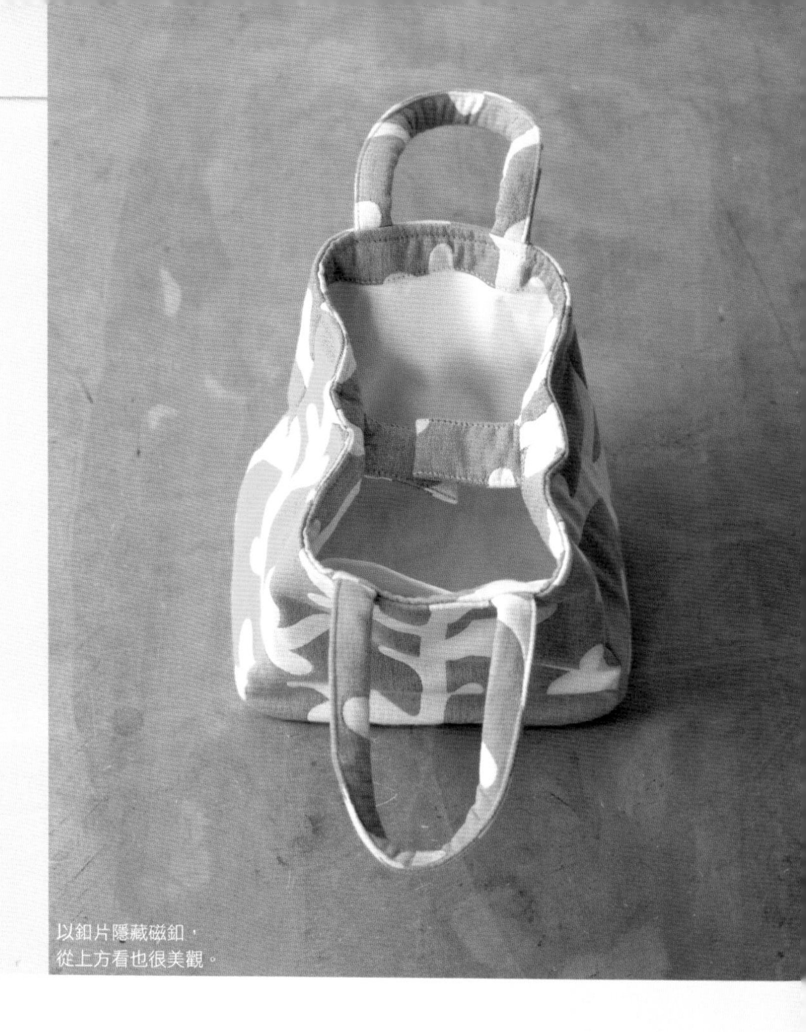

以釦片隱藏磁釦，
從上方看也很美觀。

材料提供：〈表袋〉大 QUARTER REPORT／Lintu（FIQ大阪店）、〈表袋〉小 QUARTER REPORT／metsa（FIQ大阪店）、〈裡袋〉大・小 11號帆布（倉敷帆布）

若解開磁釦，就成為基本款托特包的形態。

裡袋使用圖案布，每次打
開都讓人特別愉快！

鏤空提把包／大・小

以摺疊製作的提把、隱形側身等許多有趣的技巧運用。摺疊起來就會變為平坦，當內容物較少時，就不會展開，是清爽俐落的包款。

→ 作法P.62

材料提供：〈表袋〉DDintex／bandiera（FIQ大阪店）、〈提把〉LIBECO MOLE FABRIC（the linen bird）、〈裡袋〉ANSAN TEXTILE／ YASOU（FIQ大阪店）

翻蓋手提包

設計成適合短暫外出的實用款式。由於袋形高雅又正式，許多場合都十分合用。

→ 作法P.64

材料提供：〈表袋・素色〉wool pop craters（LINNET）、〈裡袋〉尼龍牛津布（淺草youlove）

口袋尼龍托特包

雖然設計簡單，但覆蓋在大大的外口袋上的袋蓋成為亮點，最適合當作輔助包隨身攜帶。

→ 作法P.66

材料提供：〈表袋、裡袋〉
尼龍牛津布（淺草youlove）

筆挺的帥氣形狀，
可肩背亦可斜背。

後側作了大型外口袋

摺蓋肩背包

附有側身款，極具收納功能，是不分男女皆能使用的設計。可配合內容物摺疊袋蓋，相當實用。

→ 作法P.68

材料提供：〈表袋〉KLIPPAN／直條紋（FIQ大阪店）、〈裡袋〉11號帆布（倉敷帆布）

百褶包

裝飾著大量褶襉，展現作工講究的印象。寬幅肩背帶減輕了肩膀負擔，簡單形狀極百搭。

→ 作法P.72

材料提供：新印度薄棉DSG
（CALICO:the ART of INDIAN VILLAGE FABRICS）

細褶托特包

形狀會因拉繩方式的不同而改變。
由於確實地作出側身，因此就算攜
帶物增加也讓人放心，亦可肩背。

→ 作法P.74

材料提供：〈表袋〉BORAS／Succulent（FIQ大阪店）、〈裡袋〉尼龍牛津布（淺草youlove）

波士頓包

同時運用了翻轉與袋縫技巧的波士頓包。以花布製作方形包款，呈現優雅感。

→ 作法P.70

材料提供：〈表袋〉kauniste／ Potpourri（FIQ 大阪店）、〈裡袋〉尼龍牛津布（淺草youlove）

翻蓋肩背包

背帶部分使用尼龍織帶，展現俐落風格。袋蓋以滾邊配布凸顯圓潤感，能維持漂亮的形狀。

→ 作法P.82

材料提供：〈表袋、翻蓋〉LIBECO MOLE FABRIC（the linen bird）、〈裡袋〉尼龍牛津布（淺草youlove）

基本款翻轉包製作技巧

推薦材料 尼龍牛津布

不但具有適當的挺度且不易髒，再加上容易車縫，因此市售商品也經常使用。由於不容易皺，對於製包而言是非常適合的材料。但因難以壓出摺線，請多加利用手藝用雙面膠進行製作。

使用手藝用雙面膠帶

使用在拉鍊末端或摺疊吊耳，就容易對齊，可完成漂亮的成品。一旦黏貼在接近完成線的位置，黏貼面會產生反光而過於醒目，因此黏貼在稍微內側一點的位置是使用訣竅。本身黏性較低，因此僅用於幫助暫時固定。

雙面膠

縫製裡袋時，稍微往內側進行車縫

以相同尺寸製作表袋及裡袋，不管是否為極薄的布料，裡袋都會顯得較鬆弛。若覺得在意，裡袋的脇邊及底部就車縫在完成線稍微內側的位置即可。

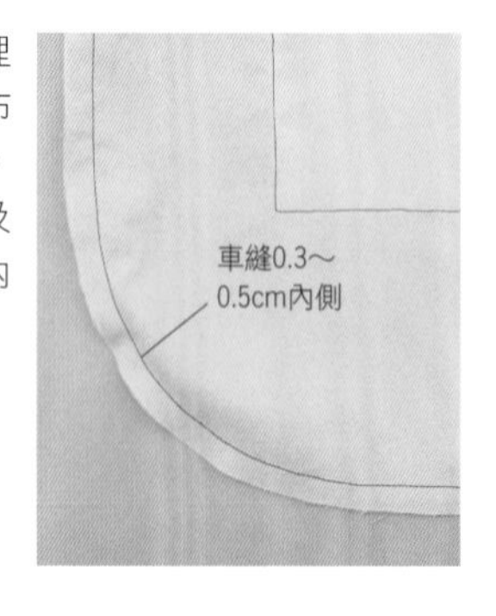
車縫0.3～
0.5cm內側

表袋翻到正面後再與裡袋縫合

由於翻轉時會從返口翻出，因此無論如何都容易產生皺紋。雖然也會因製作物而有所不同，但預先將表袋翻至正面，再與裡袋縫合，可從返口直接拉出，對於防止皺褶產生非常有效。

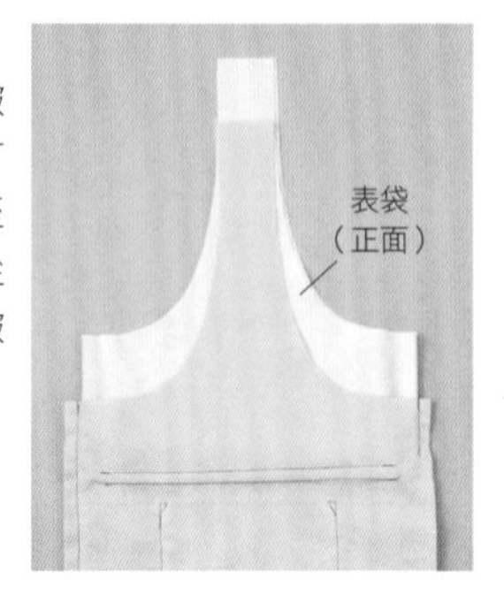
表袋
（正面）

最後燙整時

立體包在最後燙整時非常不好操作。緊緊地塞入布料或毛巾，就能夠燙整得非常漂亮。

在決定背帶長度時

斜背或肩背背帶長度固定的款式，可參考目前擁有的包包背帶決定長度，便能作出適合自己的包款。

手拿包／側身款

結合了翻轉與袋縫，無論內外側都能縫製得漂亮。可作為旅行收納包，或是彙整資料隨身攜帶也相當方便。

→ 作法P.78

材料提供：〈表袋〉kauniste／ Orvokki（FIQ大阪店）、〈表底〉11號帆布（倉敷帆布）、〈裡袋〉尼龍牛津布（淺草youlove）

32

坐姿貓咪迷你包

非常適合裝入手機、卡片或零錢，
隨身攜帶的拉鍊包非常實用，用來送禮也OK！

→ 作法P.80

打開拉鍊即可看見印花布，
拉鍊周圍也漂亮地完成。

材料提供：〈表袋〉JC Flowers&Birds（LINNET）、〈裡袋〉11號帆布（倉敷帆布）

迷你手拿包／無側身款

與p.13的拉鍊托特包相同，將拉鍊作在開口內側。是很適合作為波奇包的尺寸。

→ 作法P.83

月亮迷你包

採接合2條提把的設計，將拉鍊四周的縫份漂亮地隱藏，格外討人喜愛。

→ 作法P.84

材料提供：〈表袋、裡袋〉ANSAN TEXTILE／YASOU（FIQ大阪店）

蛋形小背包

「想要裝手機、零錢及袖珍本」因應友人這樣的要求而設計的拉鍊斜背小包。

→ 作法P.86

材料提供：〈裡袋〉尼龍牛津布（淺草youlove）

小小波士頓包

一直思考著想以翻轉技巧製作方形包，藉由加入袋縫實現了這個想法。讓人體會到製包的各種趣味。

→ 作法P.70

材料提供：〈表袋〉DDintex／bandiera（FIQ大阪店）

可俐落地收納的裡袋。
亦能享受表袋及裡袋的選布樂趣。

圓形束口包

由於袋底形狀呈杏仁形，因此皮草等難以駕馭的材料也容易縫製，能漂亮地完成成品，搭配上尼龍給人休閒的印象。

→ 作法P.76

材料提供：〈表袋〉羊皮絨布（exterial fur shop）、〈裡袋、提把〉尼龍牛津布（淺草youlove）

製包教學

單提把荷葉包

Photo p.8

◉ 材料

・木棉布（marimekko／KURJENPOLVI 190 黑色）
　…寬137cm×70cm
・尼龍牛津布（藏青色）…寬117cm×100cm
・粗0.2cm的蠟繩…70cm2條

材料memo
棉、麻、尼龍等，略薄～一般厚度的布料。口布部分建議使用具有挺度的布料。

◉ 原寸紙型

B面【5】〈1、2〉
1－表袋・裡袋　2-口布

◉ 裁布圖

※單位為cm
※內口袋直接在布料上畫線裁剪
※已含縫份1cm

・木棉布

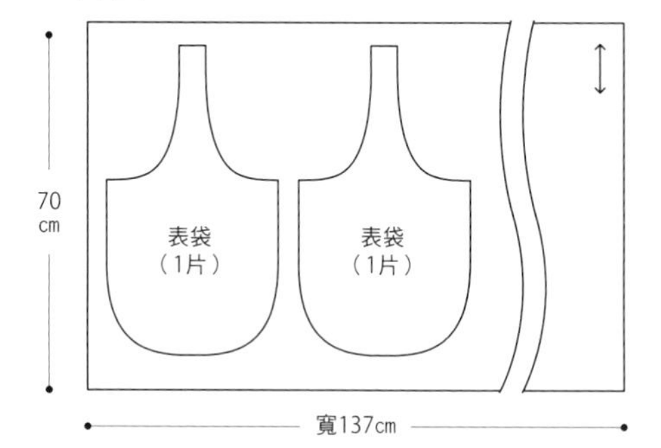

70 cm
表袋（1片）
表袋（1片）
寬137cm

・尼龍牛津布

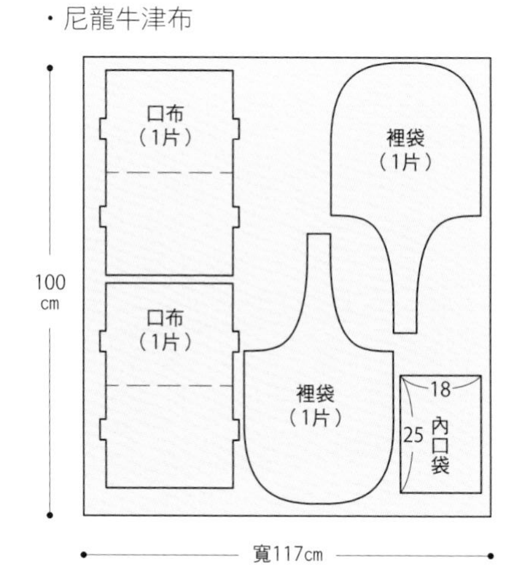

100 cm
口布（1片）
口布（1片）
裡袋（1片）
裡袋（1片）
18
25
內口袋
寬117cm

◉ 作法

1. 在裡袋接合內口袋

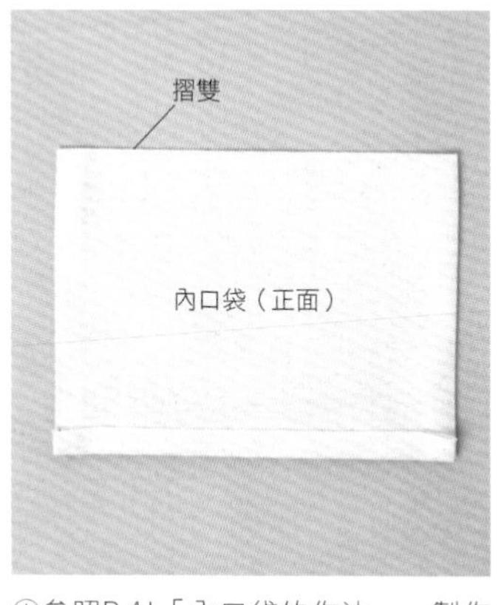

摺雙
內口袋（正面）

①參照P.41「內口袋的作法」，製作內口袋。

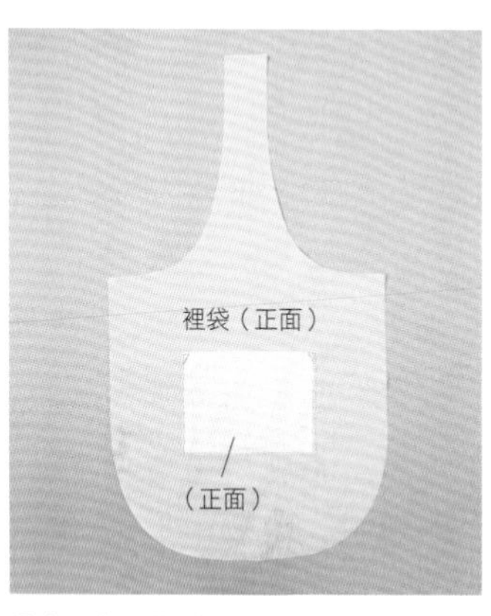

裡袋（正面）
（正面）

②在1片裡袋的正面側的口袋接合位置，縫合固定內口袋。

2. 製作口布

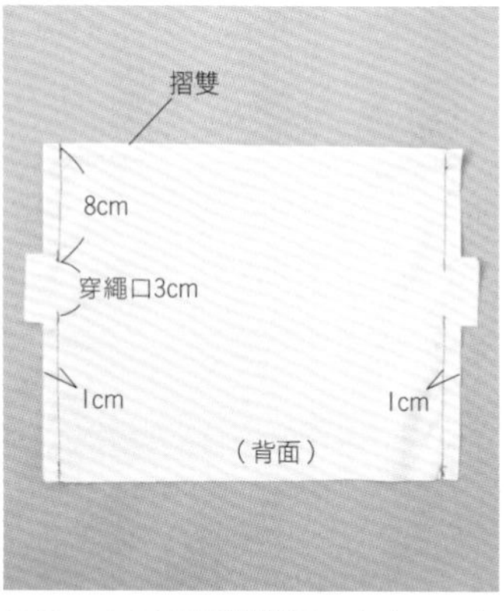

摺雙
8cm
穿繩口3cm
1cm
1cm
（背面）

③將口布正面相對對摺，空出3cm穿繩口進行車縫。

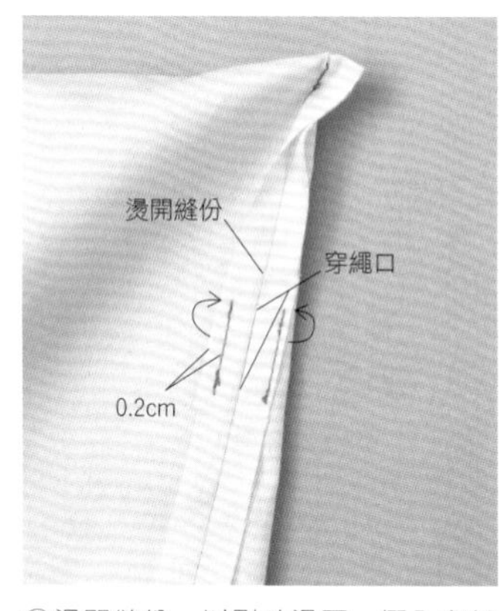

燙開縫份
穿繩口
0.2cm

④燙開縫份，以熨斗燙壓。摺入穿繩口凸起的部分進行車縫。

3. 將2片口布分別接合於裡袋

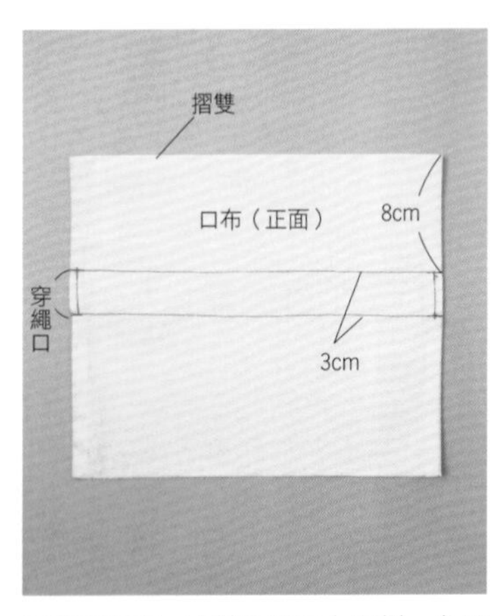
摺雙
口布（正面）
8cm
穿繩口
3cm

⑤翻至正面，車縫穿繩口上下側。參照③～⑤，再製作另一片。

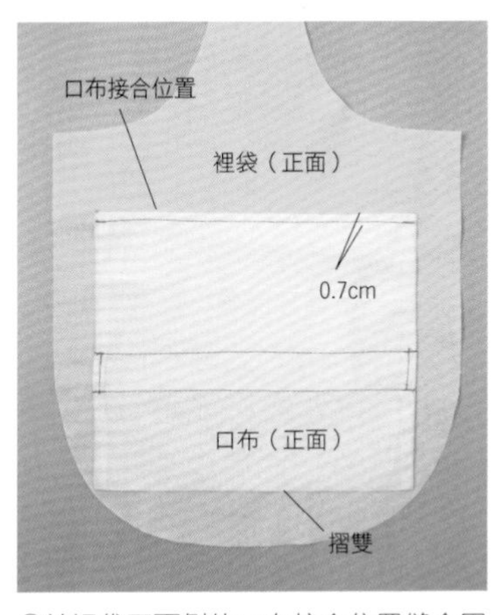
口布接合位置
裡袋（正面）
0.7cm
口布（正面）
摺雙

⑥於裡袋正面側的口布接合位置縫合固定口布。

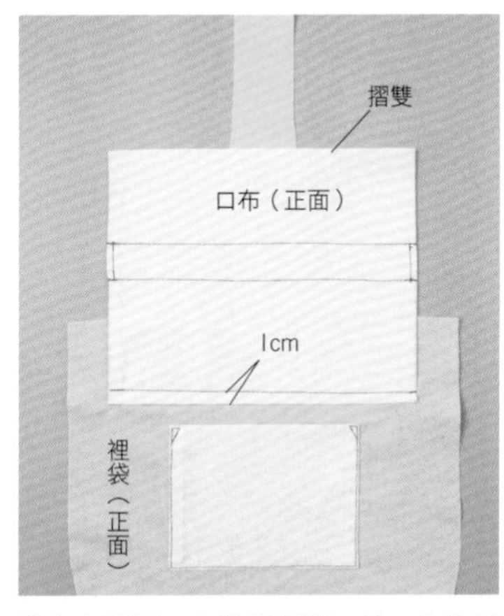
摺雙
口布（正面）
1cm
裡袋（正面）

⑦向上摺起口布進行車縫。另一片也以相同方式製作。

4. 縫合裡袋與表袋

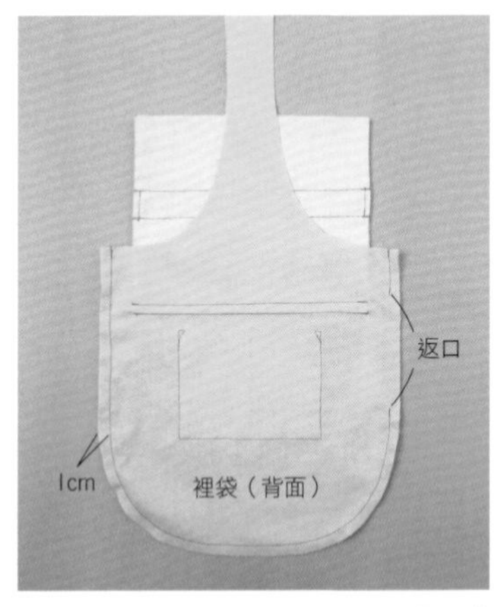
返口
1cm
裡袋（背面）

⑧將2片裡袋布正面相對，留下返口進行車縫，並燙開縫份。

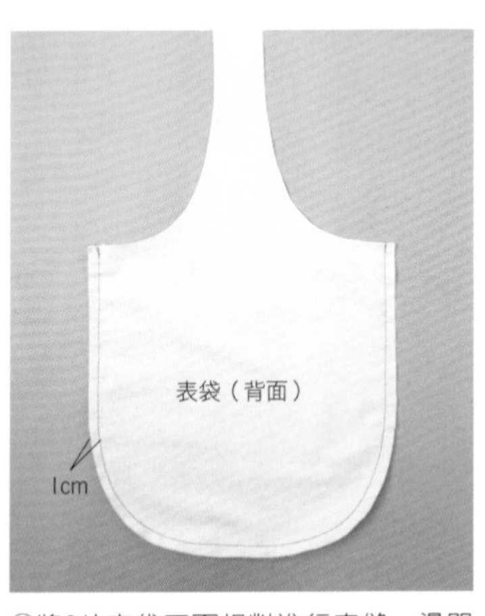
表袋（背面）
1cm

⑨將2片表袋正面相對進行車縫，燙開縫份並翻至正面。

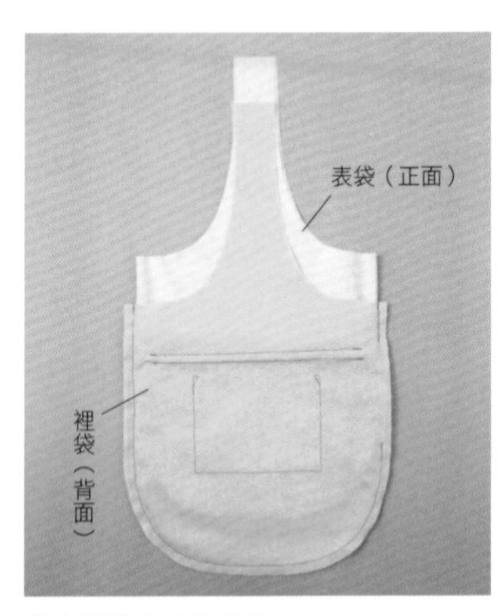
表袋（正面）
裡袋（背面）

⑩在裡袋中放入表袋。

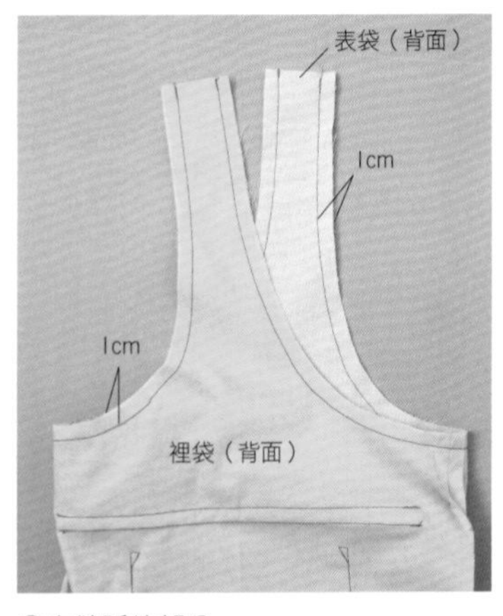
表袋（背面）
1cm
1cm
裡袋（背面）

⑪車縫弧線部分。

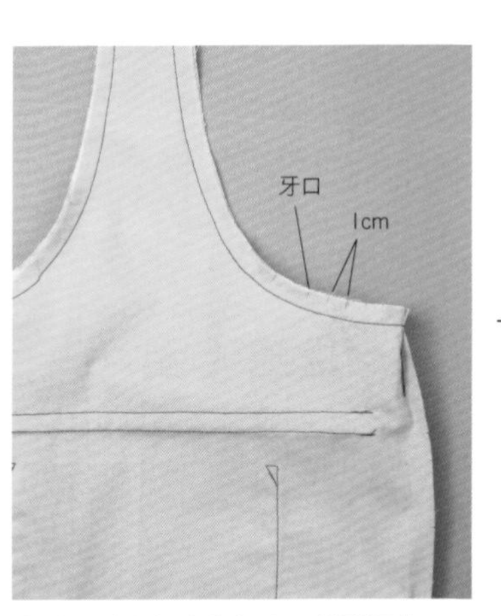
牙口
1cm

⑫弧線弧度較大的部分，剪間隔約1cm的牙口。

→

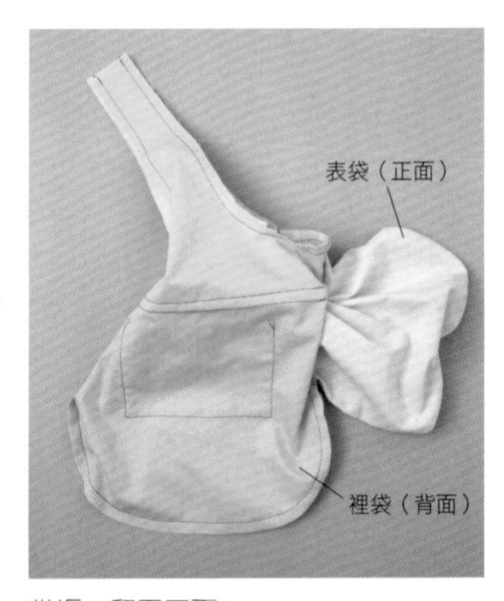
表袋（正面）
裡袋（背面）

從返口翻至正面。

Point 盡可能在翻轉時避免讓表袋產生皺褶。

5. 縫合提把

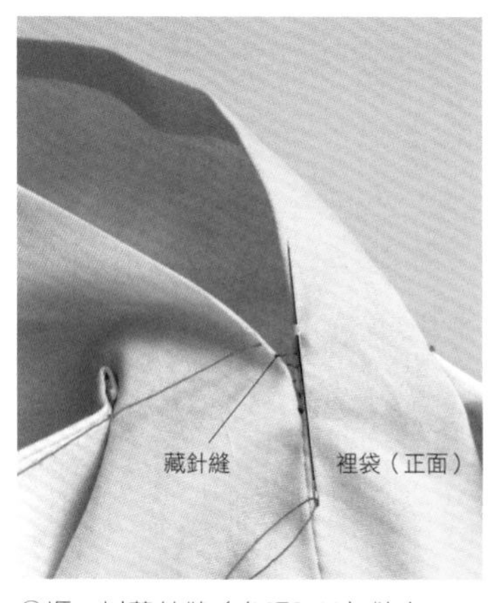

藏針縫
裡袋（正面）

⑬返口以藏針縫（參照P.44）縫合。

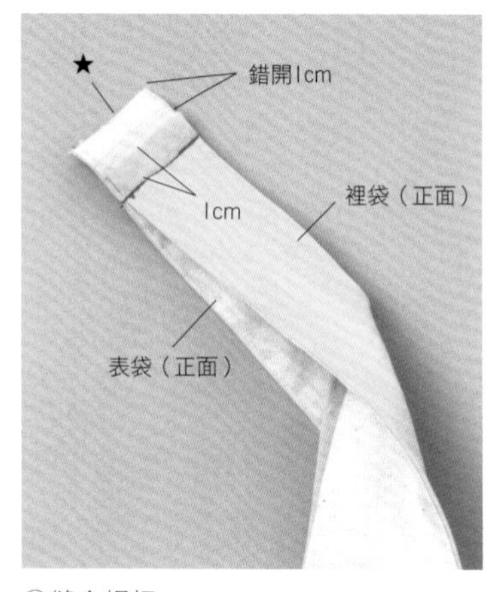

★
錯開1cm
1cm
裡袋（正面）
表袋（正面）

⑭縫合提把。

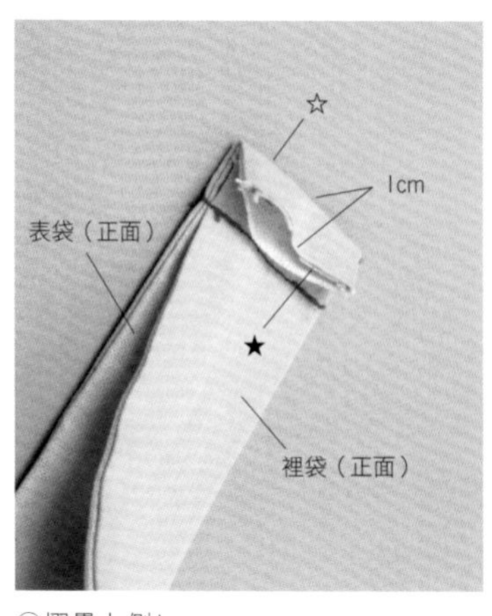

☆
1cm
表袋（正面）
★
裡袋（正面）

⑮摺疊上側1cm。

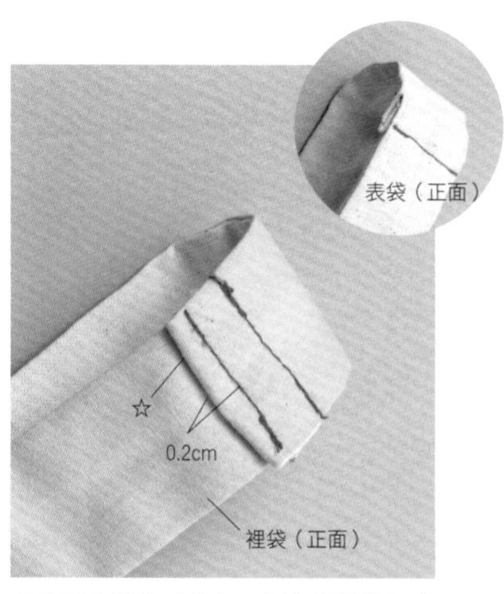

表袋（正面）
☆
0.2cm
裡袋（正面）

⑯為隱藏邊緣（★），再次摺疊進行車縫。

Point 由於表袋側的縫線僅1條，看起來很俐落。

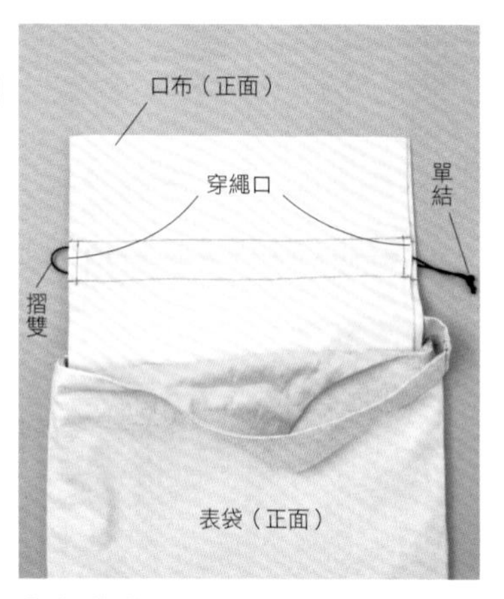

口布（正面）
穿繩口
單結
摺雙
表袋（正面）

⑰將1條蠟繩從穿繩口的一側穿入1圈，接著打單結。也以相同手法於穿入另一條。

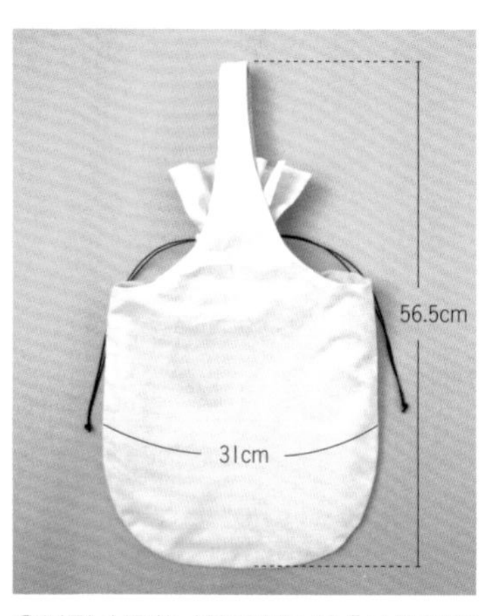

56.5cm
31cm

⑱以熨斗燙整（請參照P.30「最後燙整時」）。

◉ 內口袋的作法

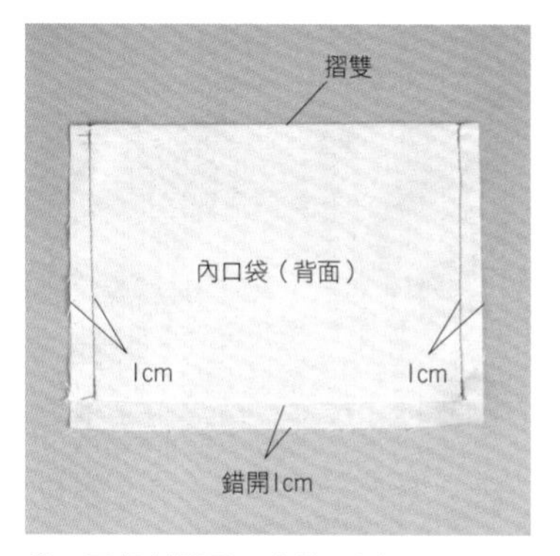

摺雙
內口袋（背面）
1cm
1cm
錯開1cm

①正面相對摺疊，車縫兩側。

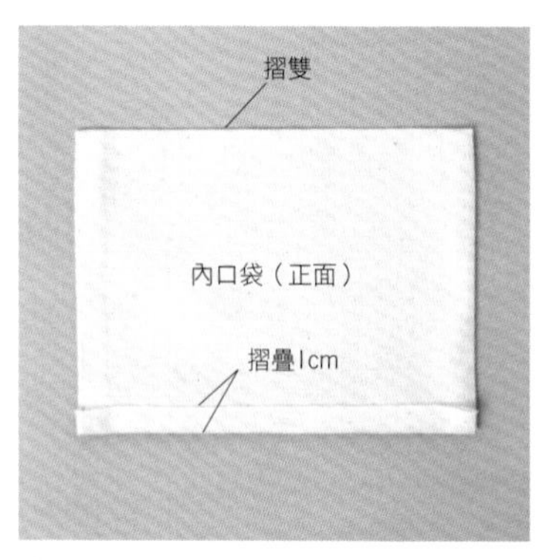

摺雙
內口袋（正面）
摺疊1cm

②翻至正面摺疊下端，並以熨斗熨壓。

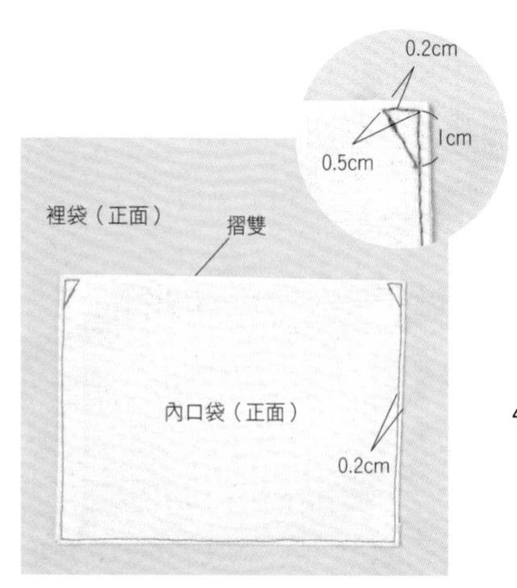

0.2cm
1cm
0.5cm
裡袋（正面）
摺雙
內口袋（正面）
0.2cm

③將已摺疊側當成內側，放置於口袋接合位置，進行匚字車縫。上方角落則車縫三角形。

製包基礎

在此彙整了製作作品時所需的裁布方式
及車縫方法。

◉ 關於原寸紙型

原寸紙型的用法

由於附錄的原寸紙型上重疊著各種線條，
以薄牛皮紙（麻將紙）或描圖紙等透光紙張進行描圖。
依照作法頁中的裁布圖，確認有原寸紙型的裁片後，
就會比較好找。
由於全部皆含縫份紙型，因此不須另加縫份。

關於紙型內的記號

布紋線
直布紋方向

合印
為使2片布料可精準對齊所使用的線條。

尖褶
將V字線條重疊縫合的記號。

摺雙
布料對摺的山摺線部分

褶襇
製作褶子用的記號。

紙型的描圖方式

①從原寸紙型中選擇想要描圖的紙型，放上透寫紙。使用尺規描粗線。
※在放上透寫紙之前，先以消失筆描繪粗線。若使用消失筆，描圖之後筆跡就會不見，非常方便。
※細完成線是當成參考線畫入，因此不描也沒關係。

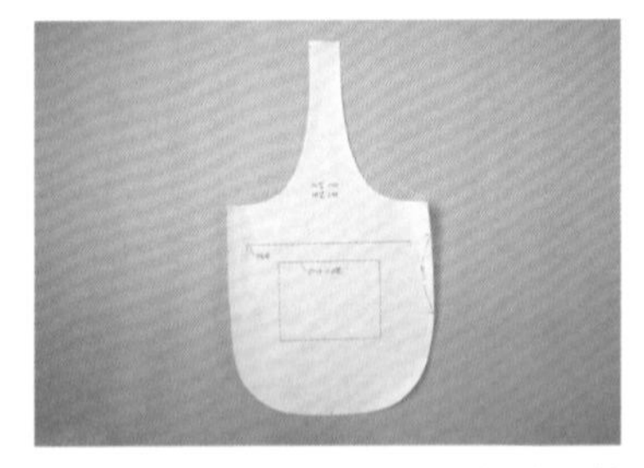

②描上裁片名、布紋線及合印記號，並裁剪。

沒有紙型的部分
依照作法頁的裁布圖所記載的尺寸，在布料背面以粉土筆直接使用尺畫線並裁剪。

裁布並作記號

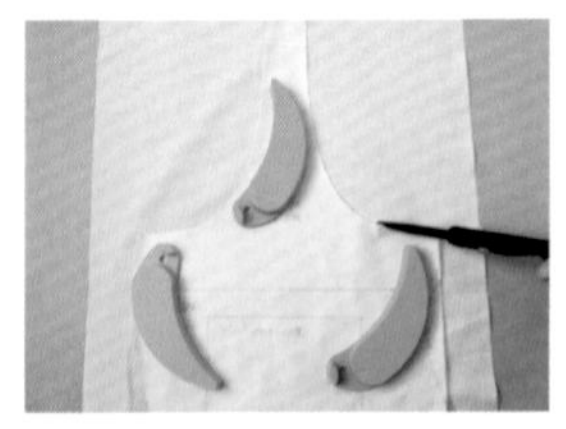

①參照作法頁的裁布圖，對齊布紋線放上紙型，以紙鎮等物品壓住，沿著線條裁剪。
※亦可以珠針固定之後再裁剪。

※以粉土筆等工具沿著輪廓描圖之後裁剪亦可。

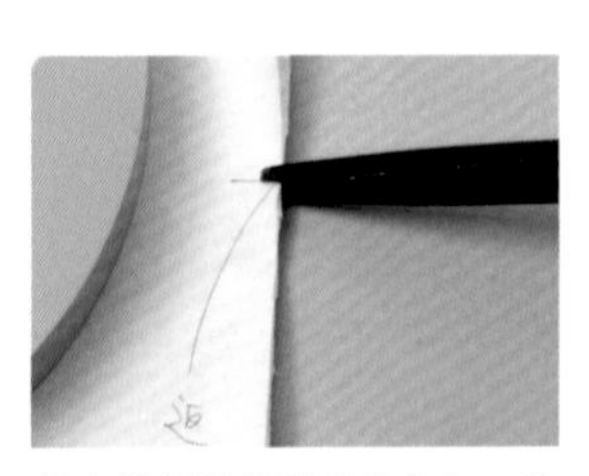

②合印部分則剪出約0.3cm的牙口（切口）。
※縫合時，將兩側切口相互對齊以珠針固定，就能防止位移。

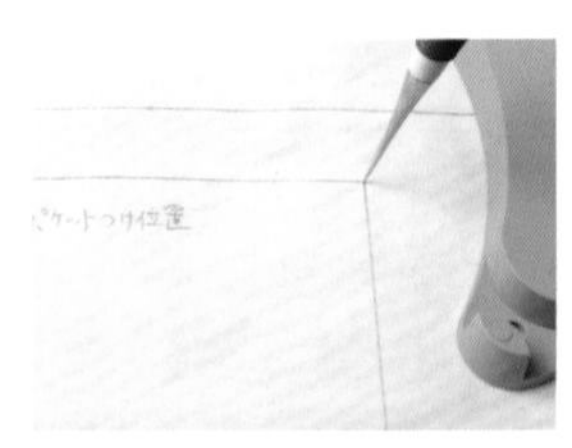

③口袋接合位置或褶襇位置等部位，則在角落或邊緣事先以錐子稍微戳洞，接著在洞穴位置以粉土筆再次作記號。

◉ 線與針的準備

選擇適合布料的車縫線及車針。
下述為參考，建議先以零碼布進行試縫。

布	車線	車針
薄（薄平織布等）	90號	9號
一般（木棉布、棉麻布、細平織布等）	60號	11號
厚（11號帆布、絨毛布等）	30號	14號

◉ 關於黏著襯、黏貼方式

在作法頁的裁布圖上，有標註的部位需要在布料背面以熨斗黏貼黏著襯（不織布型）。
想要增加厚度的位置則使用貼紙型的SLICER襯較好。

建議

SLICER襯在車縫過程中，會有車針沾附黏膠的情況發生。此時噴上矽膠噴霧就會剝落。

〈熨燙黏著襯〉

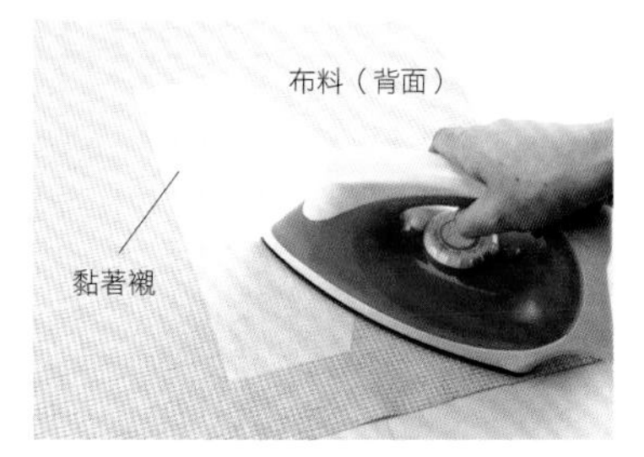
布料（背面）
黏著襯

①將背面黏膠側（光亮面）放在布料背面，隔布以熨斗從邊緣開始燙壓，施以平均的力道。
※為了便於理解，圖中未墊布。

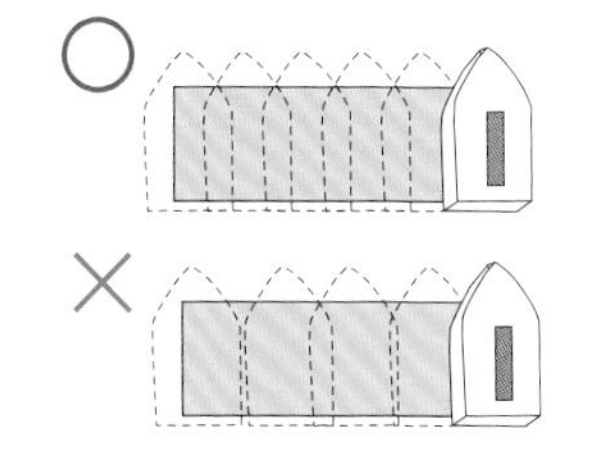

②一次一點地移動，為了避免有未黏貼之處，黏貼完畢到冷卻為止，先暫時靜置。

〈貼紙型SLICER襯〉

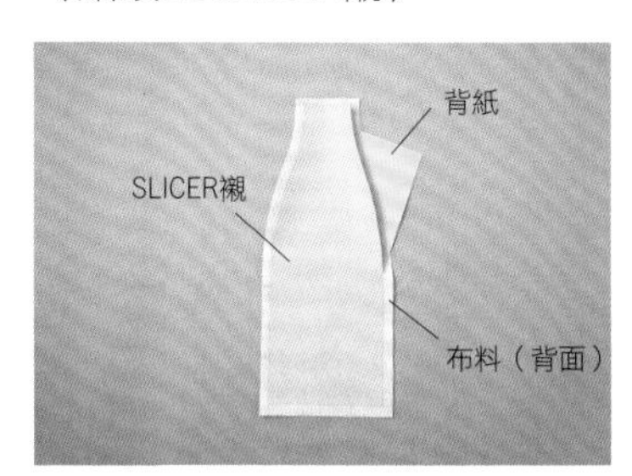
背紙
SLICER襯
布料（背面）

置於布料背面，剝下背紙黏貼。

◉ 進行車縫

刻度

為了避免拉扯完成線，對齊縫紉機針板上的刻度與布邊車縫（圖中是縫份為1cm的情況）。車縫位置全部都記載於作法內的圖解中。

何謂刻度？

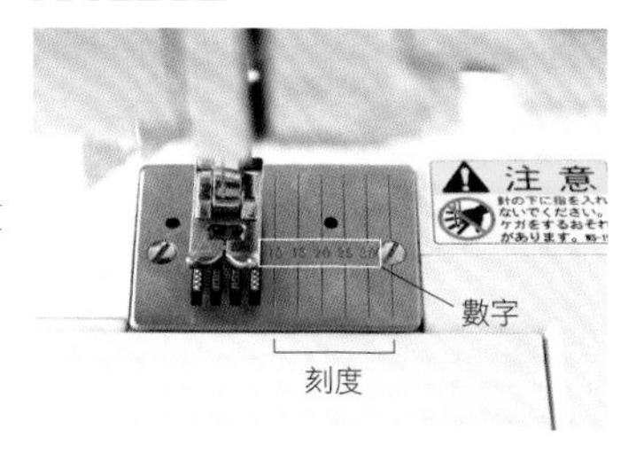
注 意
數字
刻度

位於針板上的參考線。數字代表到落針位置的距離。

若縫紉機沒有刻度標示？

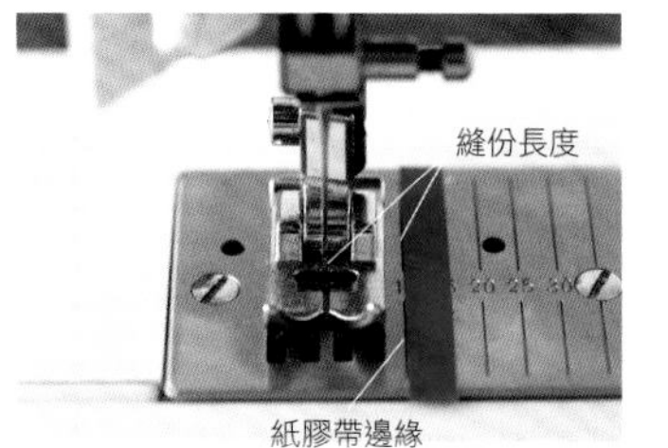
縫份長度
紙膠帶邊緣

測量落針位置起的縫份長度，在針板上黏貼紙膠帶。以紙膠帶邊緣替代刻度。

◉ 磁釦的安裝方式

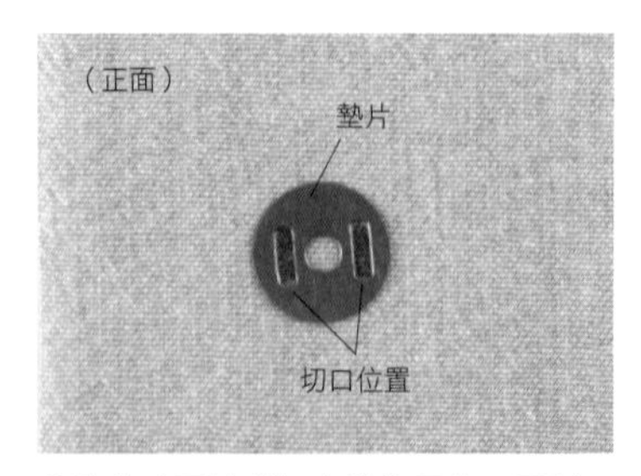
（正面）
墊片
切口位置

①將墊片置於磁釦安裝位置的正面側，在切口位置作記號。

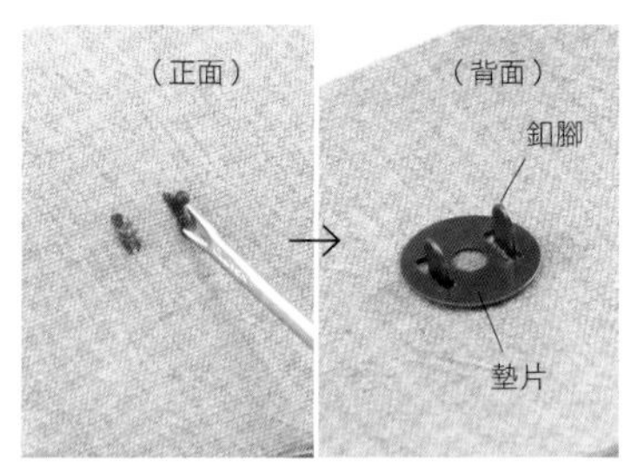
（正面）
（背面）
釦腳
墊片

②在切口位置以拆線器作出切口。於背面穿出本體（母釦或公釦）的釦腳，並套上墊片。

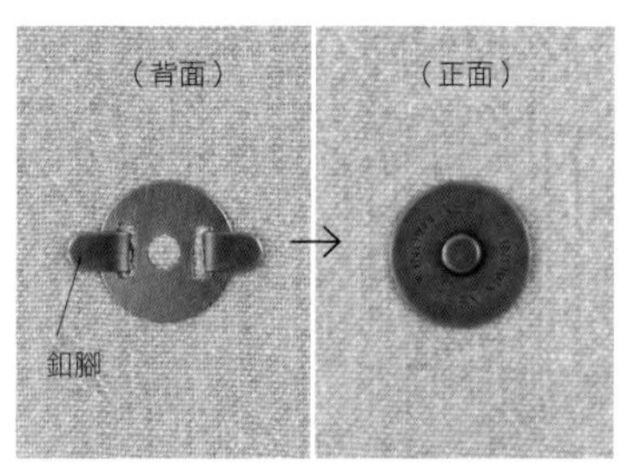
（背面）
（正面）
釦腳

③將釦腳摺向外側，磁釦安裝完成。

◉ 塑膠按釦的安裝方式

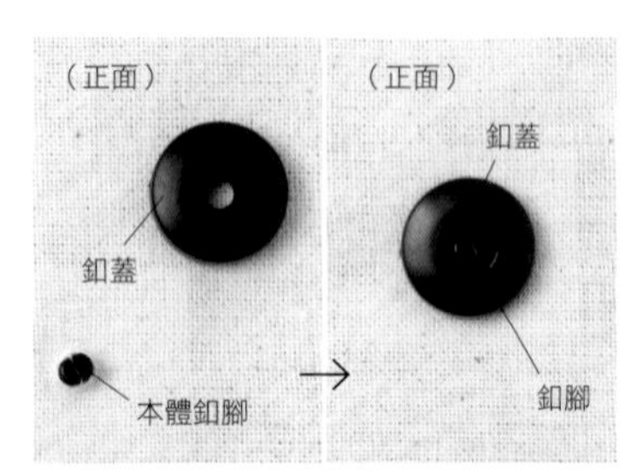
（正面）
（正面）
釦蓋
釦蓋
本體釦腳
釦腳

在安裝位置以錐子戳洞，從布料背面將本體釦腳穿出正面。套上釦蓋，以手壓緊。在縫合返口之前一邊觀察協調性，同時安裝。

◉ 藏針縫

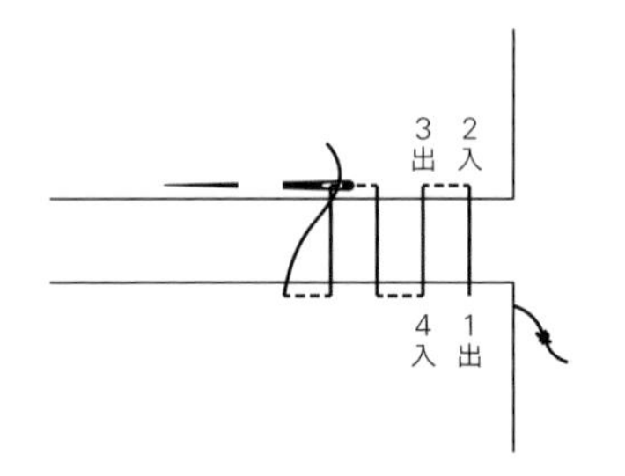
3 出
2 入
4 入
1 出

將兩片布料的山摺線對接，於其間以縫線呈ㄷ字過線，等間距地挑縫山摺線。

◉ 褶襉的摺疊方式

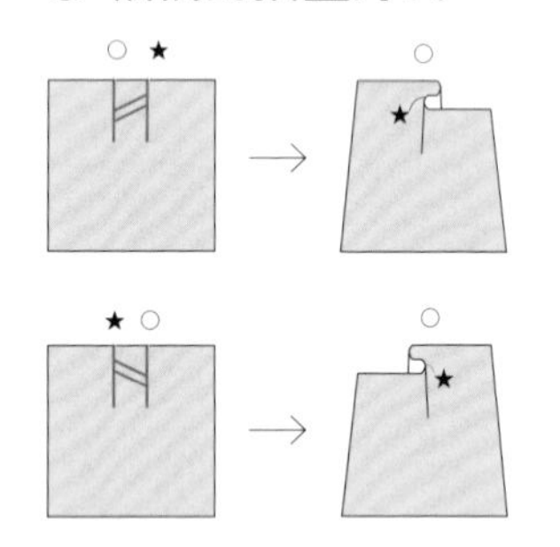

從斜線高處往低處倒下，製作褶子。

◉ 作法內的基礎用語

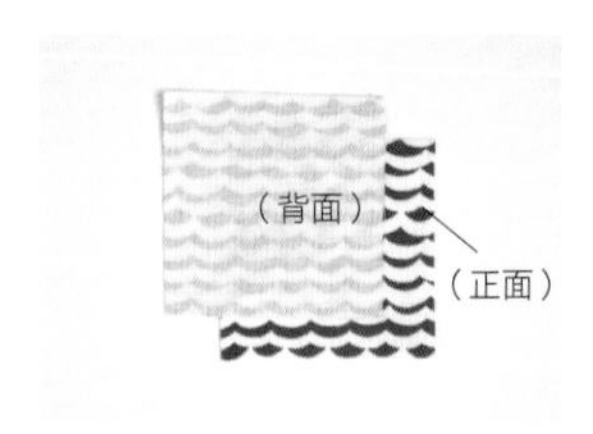
（背面）
（正面）

正面相對

將布料的正面相互對合。

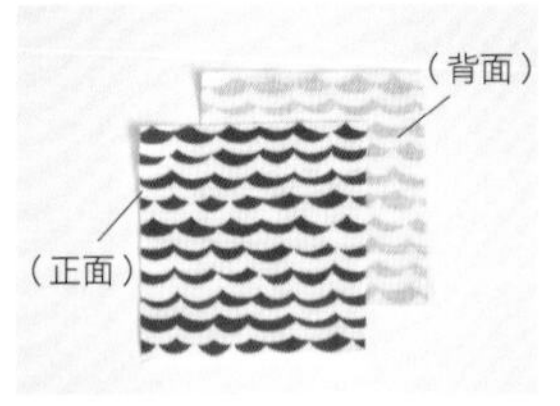
（背面）
（正面）

背面相對

將布料背面相互對合。

摺雙

指的是布料對摺時的山摺線。

返口

指的是為了將縫合的布料翻回正面，不車縫所留下的開口。

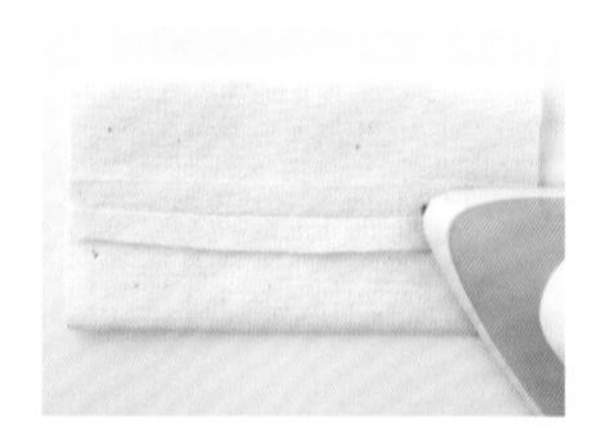

燙開縫份

將縫份展開以熨斗燙壓。

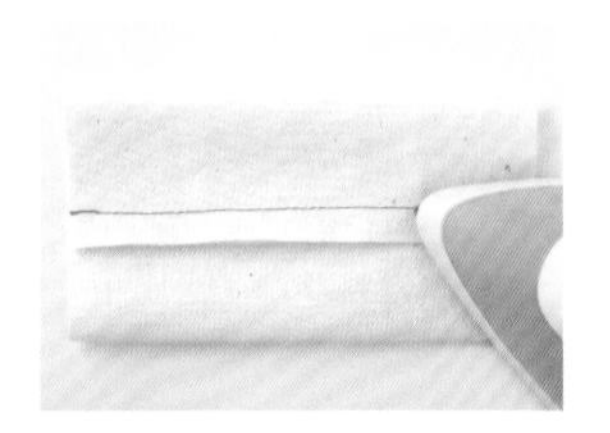

倒下縫份

將縫份摺向單邊，以熨斗燙壓。

摺疊

三摺邊

將縫份摺2次，以熨斗燙壓。

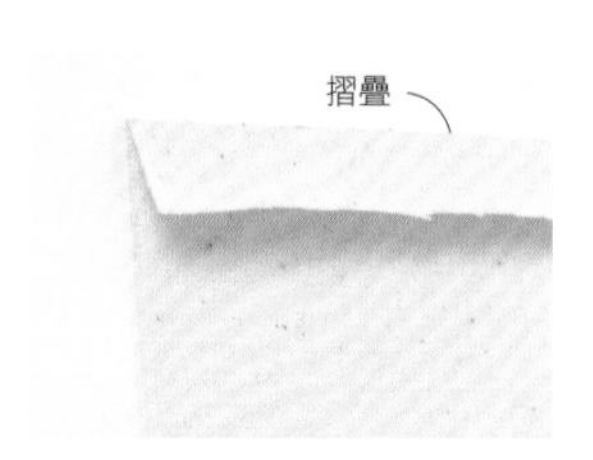
摺疊

二摺邊

將縫份摺1次，以熨斗燙壓。

拉鍊基本縫法

詳細解說拉鍊的名稱及接合方式。
P.46、P.47的接合方式A・B，兩者皆須避免開闔時夾入內側布料。

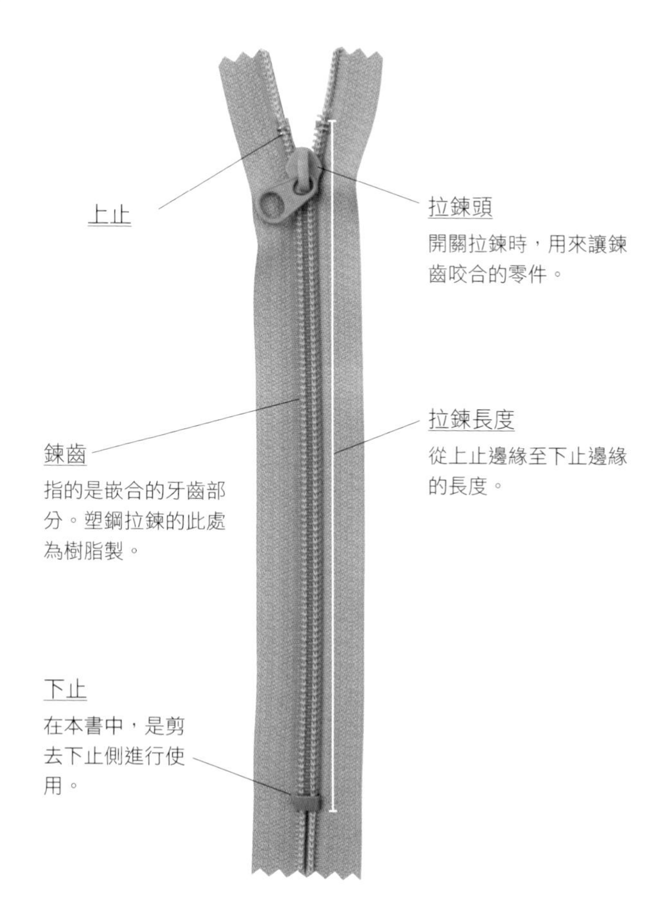

上止
拉鍊頭
開關拉鍊時，用來讓鍊齒咬合的零件。
拉鍊長度
從上止邊緣至下止邊緣的長度。
鍊齒
指的是嵌合的牙齒部分。塑鋼拉鍊的此處為樹脂製。
下止
在本書中，是剪去下止側進行使用。

◉ 使用拉鍊與拉鍊的部位名稱

名為「塑鋼拉鍊」這款樹脂製的種類（除了「坐姿貓咪迷你包」之外）。在本書中準備了較長的拉鍊，剪去下止側使用，因此材料內的拉鍊長度將會比實際使用的尺寸來得長。

◉ 拉鍊的號數

本書使用No.3及No.5拉鍊。此數字為拉鍊尺寸，代表鍊齒的寬度。無論使用何者皆可。

〈原寸〉

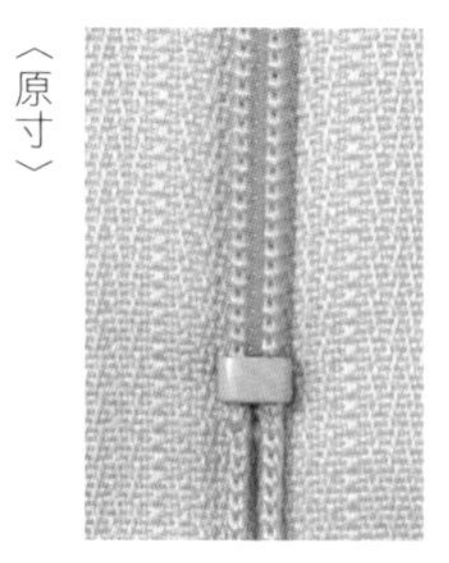

No.3　No.5

◉ 拉鍊款式

有普通式及雙開式（接合拉鍊頭）

普通式（左）是拉下拉鍊頭時，以下止停止。雙開式（右）則是裝有2個相互面對的拉鍊頭。

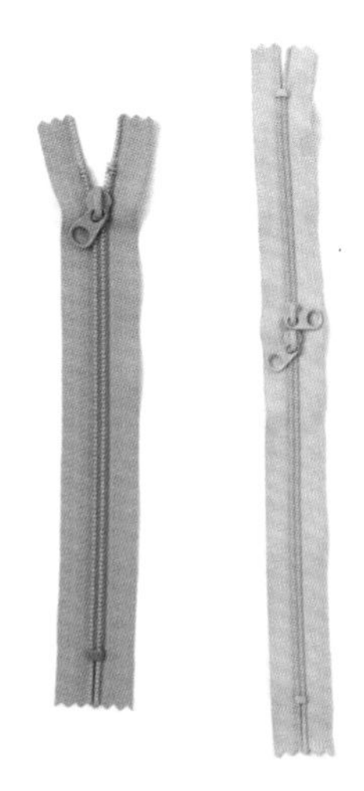

接合方式 A

由於拉鍊左右邊緣是縫入包包本體，所以無須處理邊緣。使用較長的拉鍊，即可避開拉鍊頭進行車縫，因此製作會很順暢。

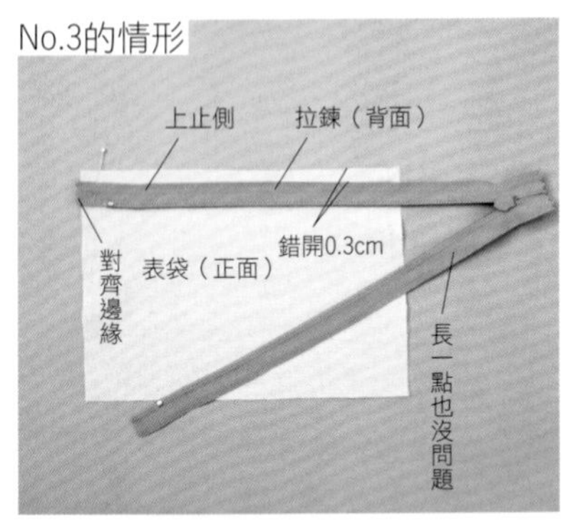
No.3的情形
上止側
拉鍊（背面）
錯開0.3cm
對齊邊緣
表袋（正面）
長一點也沒問題

①將拉鍊正面相對地重疊於表袋上。

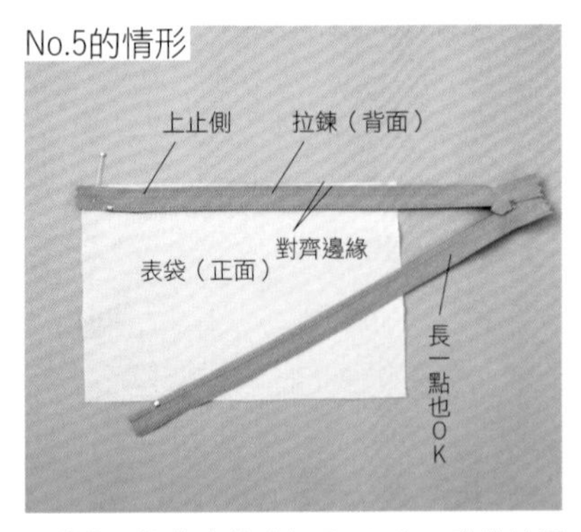
No.5的情形
上止側
拉鍊（背面）
對齊邊緣
表袋（正面）
長一點也OK

※請依照拉鍊號數（參照P.45），改變放置位置。

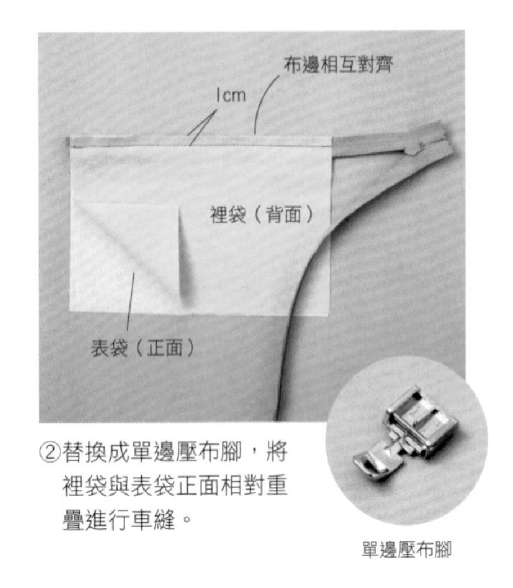
布邊相互對齊
1cm
裡袋（背面）
表袋（正面）

②替換成單邊壓布腳，將裡袋與表袋正面相對重疊進行車縫。

單邊壓布腳

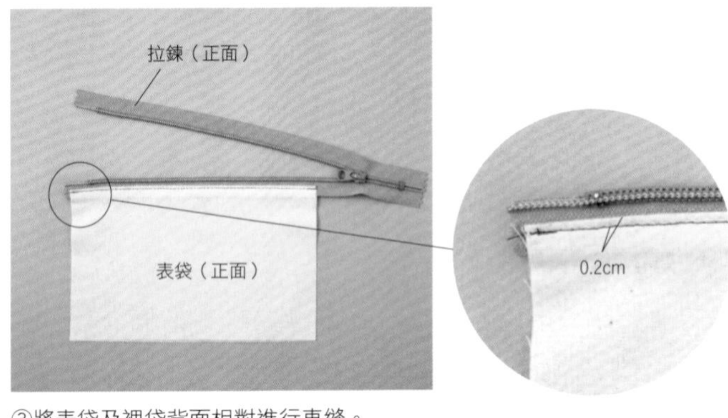
拉鍊（正面）
表袋（正面）
0.2cm

③將表袋及裡袋背面相對進行車縫。
※拉鍊呈打開的狀態車縫。

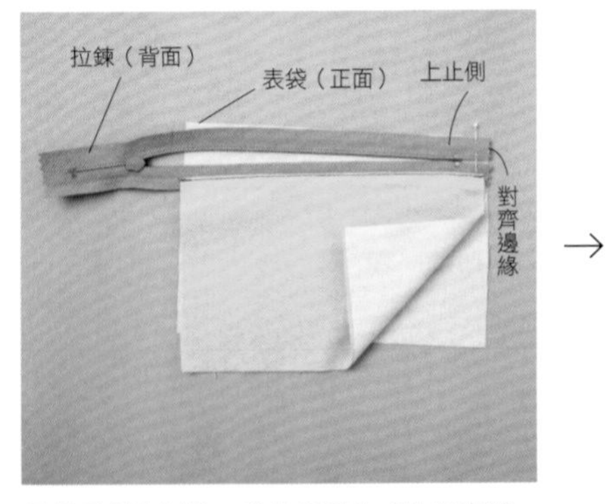
拉鍊（背面）
表袋（正面）
上止側
對齊邊緣

④相反側也以①～③的相同方式進行車縫。

→

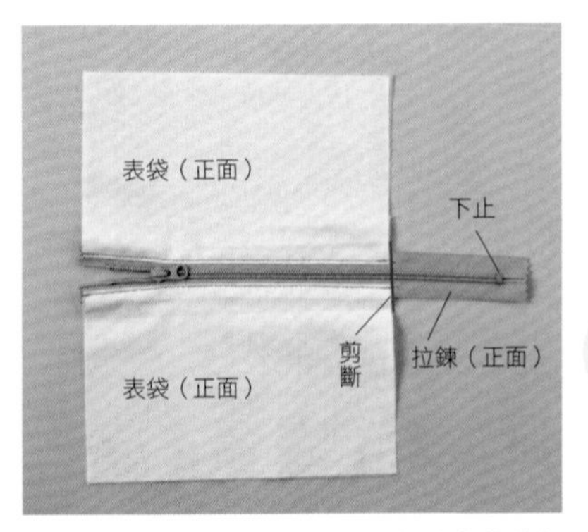
表袋（正面）
下止
剪斷
拉鍊（正面）
表袋（正面）

將拉鍊頭移動至上端側，剪去拉鍊多餘的部分。

Point

修剪拉鍊一定要在兩側都縫合之後再進行。若是太早剪斷，拉鍊頭會有脫落的可能。

接合方式 B

從正面看時拉鍊邊緣不會露出縫線，因此可漂亮地完成縫製。能夠配合製作物修剪拉鍊下端，因此能應用於各種包款上。

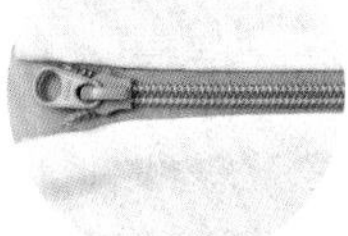
（正面）

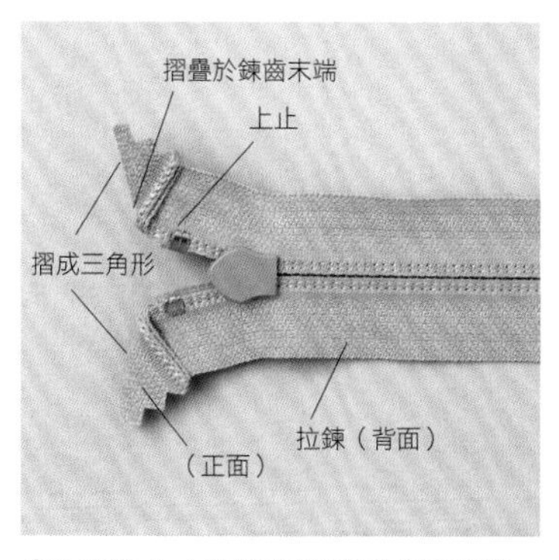
摺疊於鍊齒末端
上止
摺成三角形
拉鍊（背面）
（正面）

①在靠近上止處將末端摺疊成三角形，並以手藝用雙面膠黏貼固定。

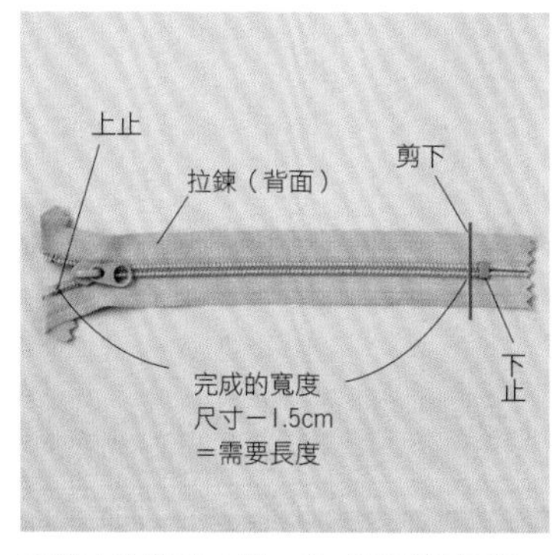
上止
拉鍊（背面）
剪下
下止
完成的寬度
尺寸－1.5cm
＝需要長度

②剪去拉鍊下止側，作成需要的長度。

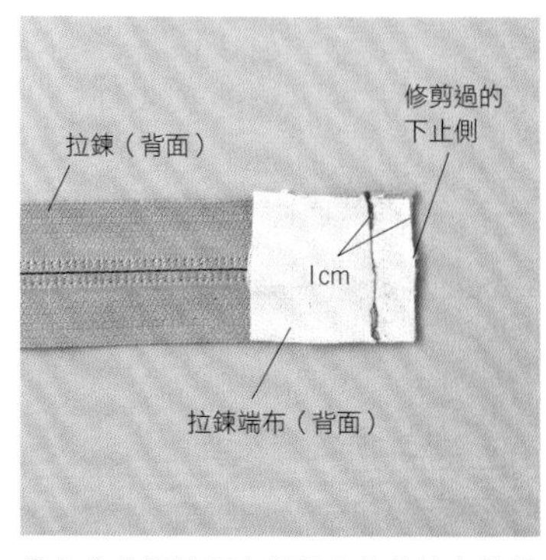
拉鍊（背面）
修剪過的
下止側
1cm
拉鍊端布（背面）

③在修剪過的下止側放上拉鍊端布並進行車縫。

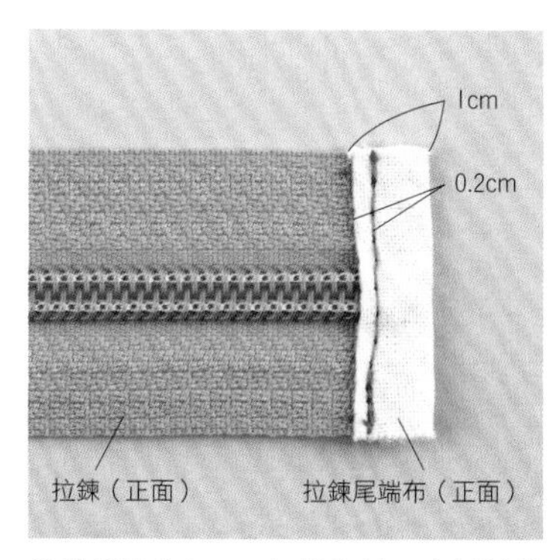
1cm
0.2cm
拉鍊（正面）
拉鍊尾端布（正面）

④摺疊端布1cm，包捲拉鍊下止側並進行車縫。

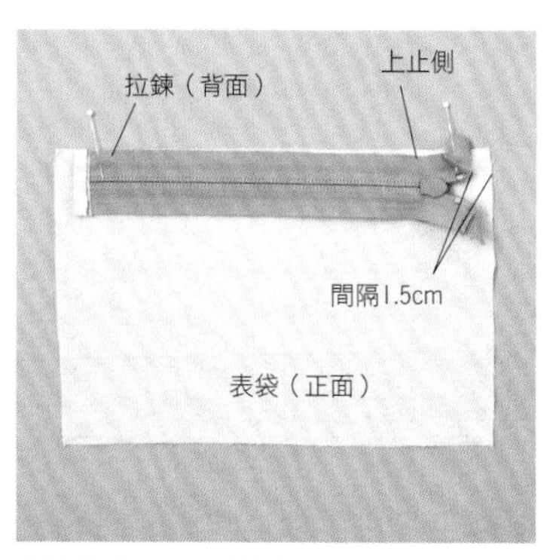
拉鍊（背面）
上止側
間隔1.5cm
表袋（正面）

⑤將拉鍊正面相對放置於表袋上。
※請參照「拉鍊接合方式A」的①，配合拉鍊號數，改變放置位置。

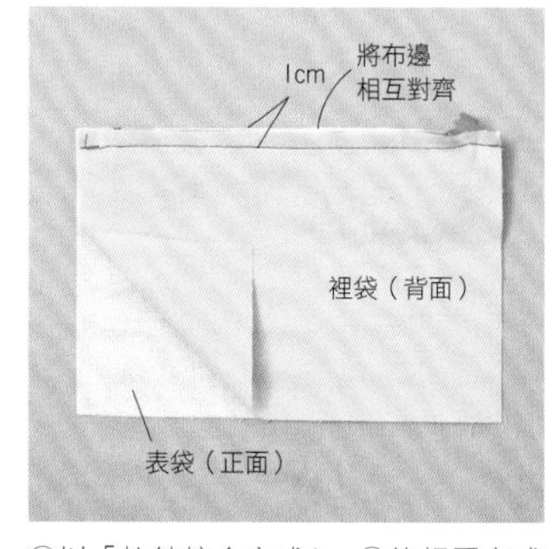
1cm
將布邊
相互對齊
裡袋（背面）
表袋（正面）

⑥以「拉鍊接合方式A」②的相同方式進行車縫。
※拉鍊以拉至中間的狀態進行車縫，若車縫感到困難時，就在車針刺入布料的狀態下，將拉鍊頭移動到不妨礙壓腳處再進行車縫。

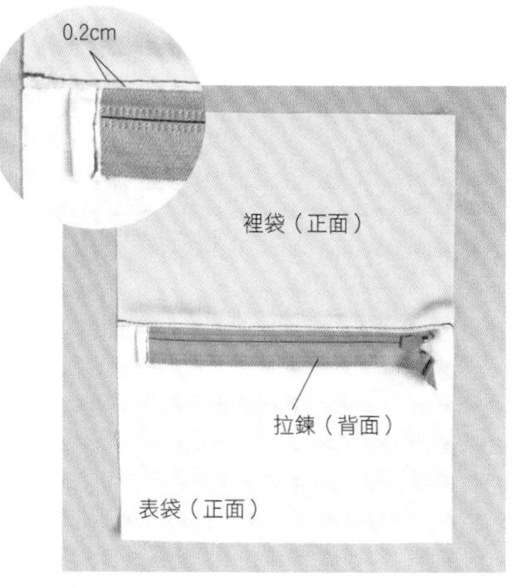
0.2cm
裡袋（正面）
拉鍊（背面）
表袋（正面）

⑦將裡袋向上翻摺（縫份倒向裡袋側）進行車縫，背面相對。

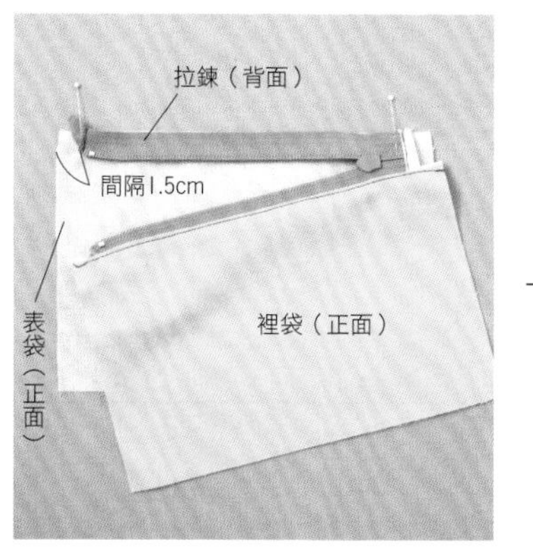
拉鍊（背面）
間隔1.5cm
表袋（正面）
裡袋（正面）

⑧相反側也以⑤～⑦的相同方式進行車縫。

→

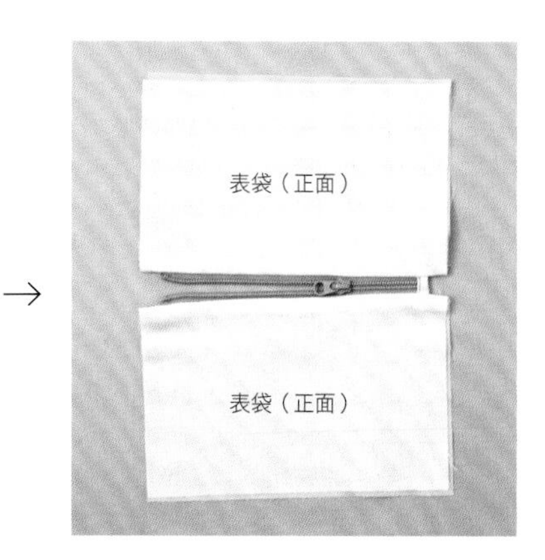
表袋（正面）
表袋（正面）

澎澎斜背包／大人款・兒童款

Photo p.6

澎澎肩背包

Photo P.17

◉ 材料　※基本尺寸為澎澎斜背包大人款，〔　〕內為兒童款。

・木棉布（點與線模樣製作所／森　綠色〔藍色〕）〈棉麻布（kuuki/BLACK CHECK）〉…寬107cm×90cm〔寬107cm×60cm〕〈寬150cm×70cm〉

・尼龍牛津布（卡其色）〔藍色〕〈藏青色〉…寬117cm×70cm〔寬117cm×40cm〕〈寬117cm×70cm〉

◉ 材料memo

棉、麻、尼龍等略薄～一般厚度的布料。提把部分的長度則配合身高或喜好調整。

◉ 原寸紙型

斜背／大人款　A面【1】〈1〉
斜背／兒童款　A面【2】〈1〉
肩背包　A面【3】〈1〉
1-表袋・裡袋

◉ 裁布圖

※單位為cm　※已含縫份
※內口袋直接在布料上畫線裁剪

斜背／大人款　木棉布

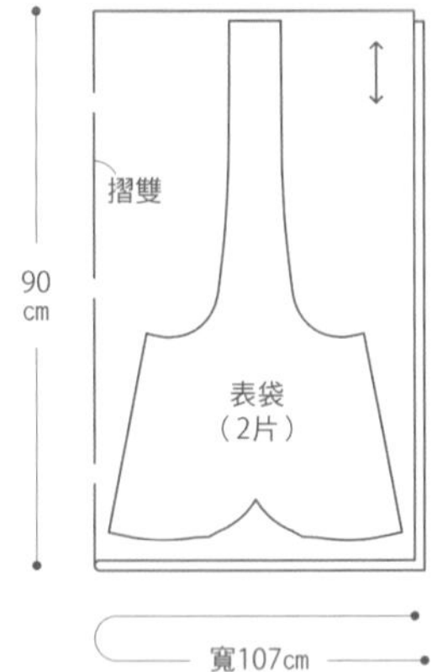

摺雙
90 cm
表袋
（2片）
寬107cm

斜背／大人款、肩背包　尼龍牛津布

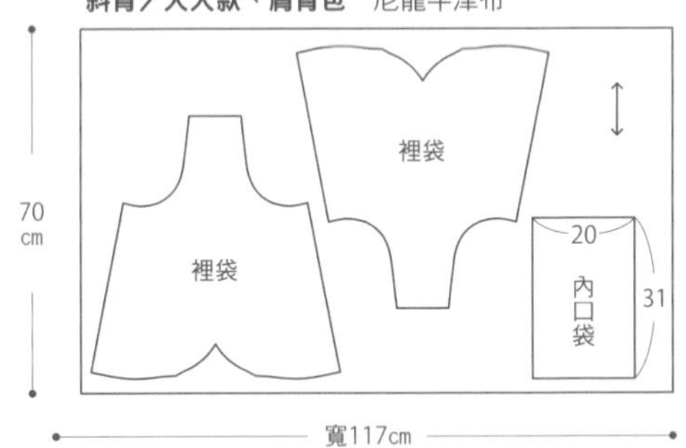

70 cm
裡袋
裡袋
20
內口袋
31

寬117cm

肩背包　棉麻布

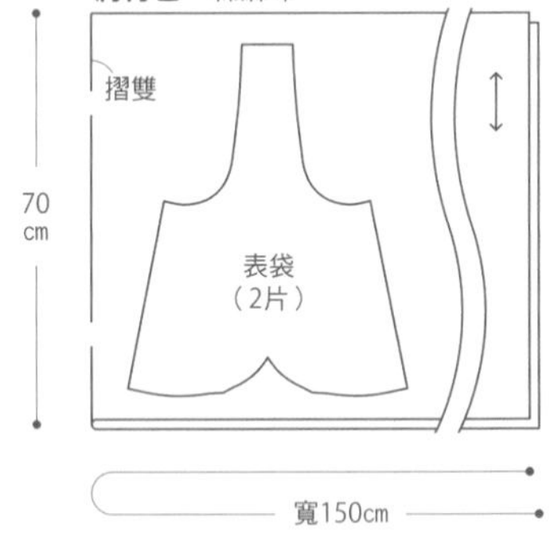

摺雙
70 cm
表袋
（2片）
寬150cm

斜背／兒童款　木棉布

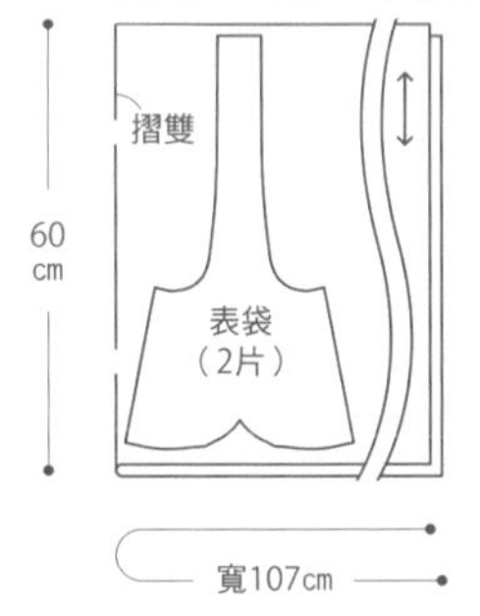

摺雙
60 cm
表袋
（2片）
寬107cm

斜背／兒童款　尼龍牛津布

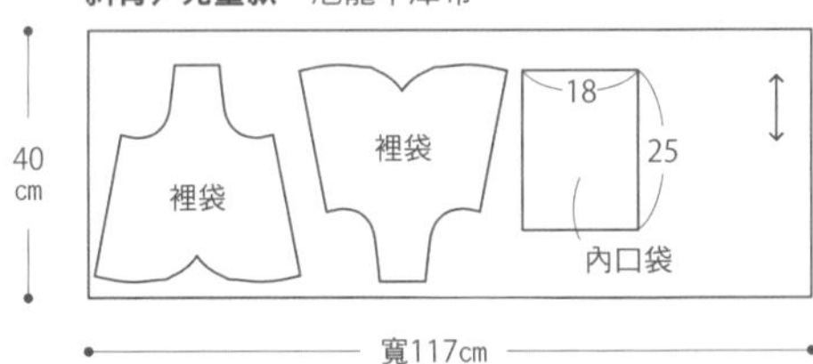

40 cm
裡袋
裡袋
18
25
內口袋
寬117cm

◉ 作法　※單位為cm

※基本尺寸斜背／大人款&肩背包。〔　〕內為斜背／兒童款，〈　〉內為澎澎肩背包的高度

1. 製作內口袋，並接合於裡袋

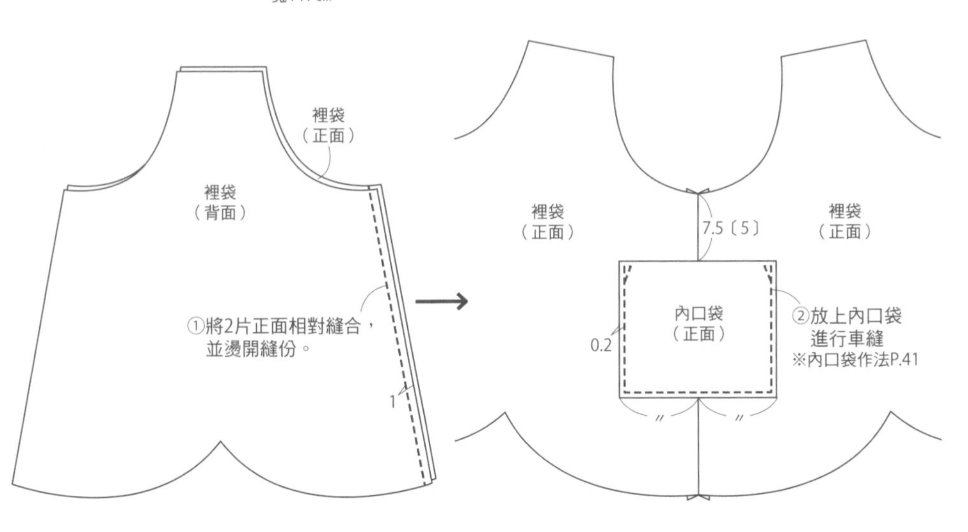

裡袋
（正面）
裡袋
（背面）
①將2片正面相對縫合，
並燙開縫份。
1
裡袋
（正面）
裡袋
（正面）
7.5〔5〕
內口袋
（正面）
0.2
②放上內口袋
進行車縫
※內口袋作法P.41

2. 製作裡袋

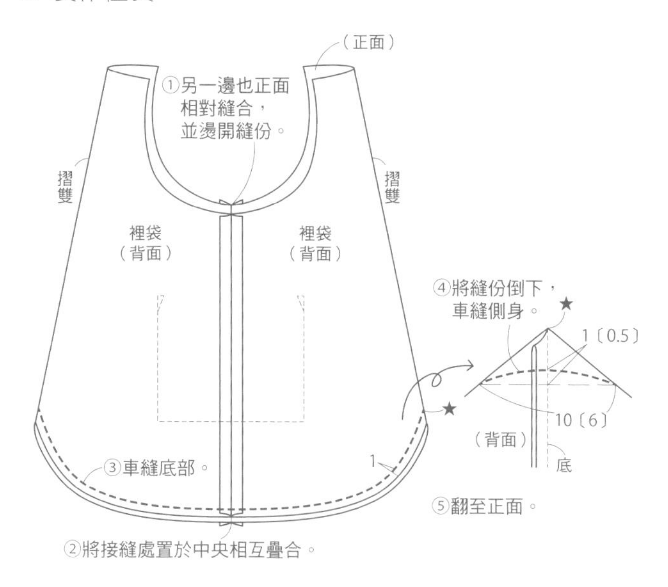

（正面）
①另一邊也正面相對縫合，並燙開縫份。
摺雙
摺雙
裡袋（背面）
裡袋（背面）
④將縫份倒下，車縫側身。
1〔0.5〕
10〔6〕
（背面）
底
③車縫底部。
1
⑤翻至正面。
②將接縫處置於中央相互疊合。

3. 製作表袋

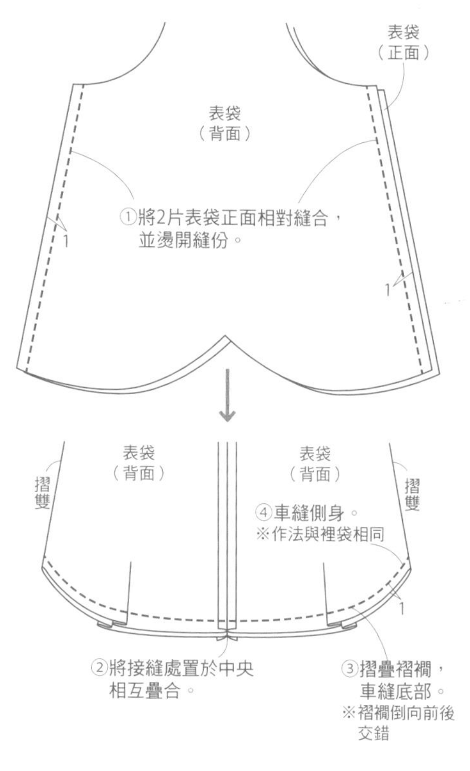

表袋（正面）
表袋（背面）
①將2片表袋正面相對縫合，並燙開縫份。
1
1
表袋（背面）
表袋（背面）
摺雙
摺雙
④車縫側身。
※作法與裡袋相同
1
②將接縫處置於中央相互疊合。
③摺疊褶襉，車縫底部。
※褶襉倒向前後交錯

4. 縫合表袋及裡袋

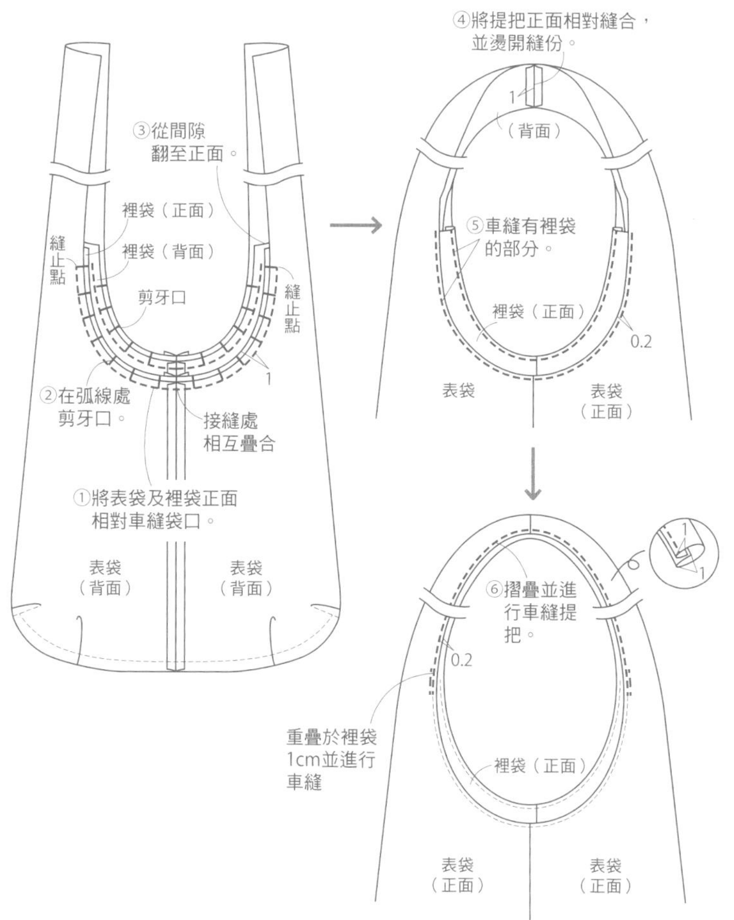

③從間隙翻至正面。
裡袋（正面）
裡袋（背面）
縫止點
縫止點
剪牙口
1
②在弧線處剪牙口。
接縫處相互疊合
①將表袋及裡袋正面相對車縫袋口。
表袋（背面）
表袋（背面）
④將提把正面相對縫合，並燙開縫份。
1
（背面）
⑤車縫有裡袋的部分。
裡袋（正面）
0.2
表袋
表袋（正面）
⑥摺疊並進行車縫提把。
1
1
0.2
重疊於裡袋1cm並進行車縫
裡袋（正面）
表袋（正面）
表袋（正面）

◉ 完成圖

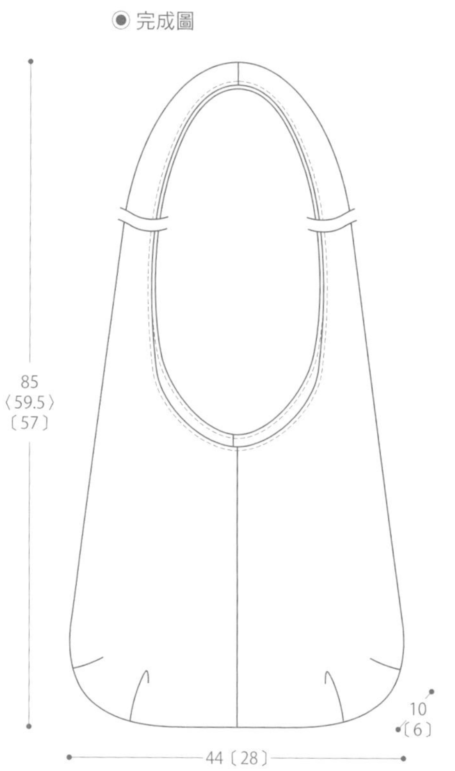

85
〈59.5〉
〔57〕
10
〔6〕
44〔28〕

祖母包

Photo P.11

◉ 材料

- 棉麻布（YUMI YOSHIMOTO／serenade 黑色）…寬150cm×60cm
- 棉麻布（LIBECO MOLE FABRIC 繡球紅色）…寬135cm×30cm
- 螺縈山東綢（500 rayon shuntung　酒紅色）…寬92cm×90cm
- 直徑1.3cm的塑膠按釦…1組
- 熨燙式接著襯…2cm×2cm 2片
- 毛線…適量

◉ 材料memo

棉、麻、尼龍等略薄～一般厚度的布料。提把及口布亦可以配布製作，享受樂趣。

◉ 原寸紙型

A面【4】〈1、2〉

1-表袋・裡袋　2-口布

◉ 裁布圖　※單位為cm　※已含縫份

※內口袋直接在布料上畫線裁剪

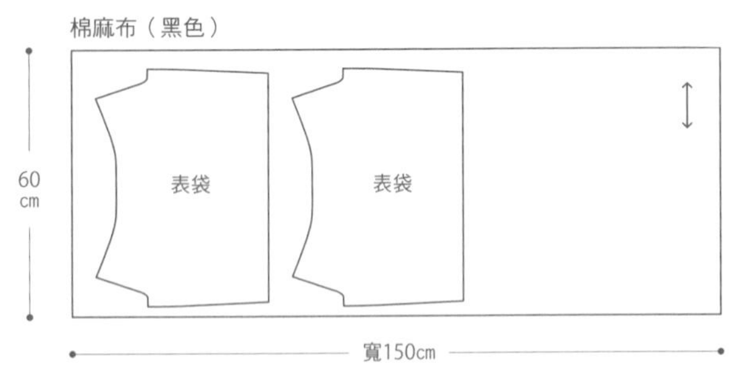

棉麻布（黑色）
60 cm
表袋
表袋
寬150cm

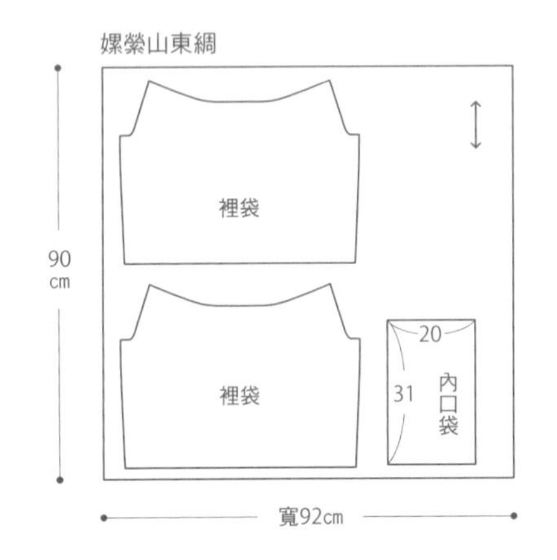

螺縈山東綢
90 cm
裡袋
裡袋
20
31
內口袋
寬92cm

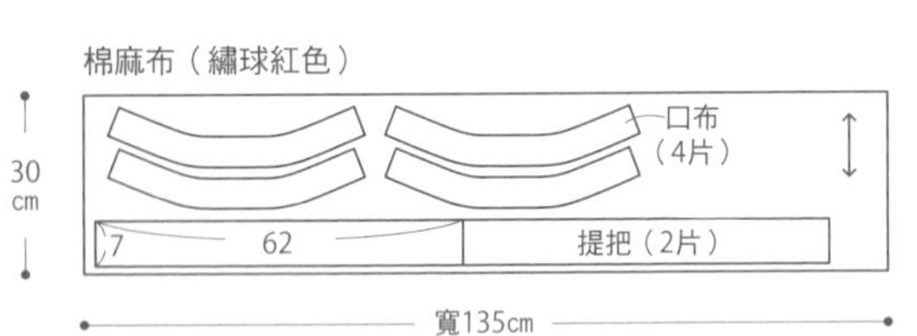

棉麻布（繡球紅色）
30 cm
口布（4片）
7
62
提把（2片）
寬135cm

◉ 作法　※單位為cm

1. 製作口布

口布（正面）

袋口

1

口布（背面）

①將2片口布正面相對縫合。

（正面）

1

口布（背面）

③在兩端三摺邊1cm並進行車縫。

0.2

口布（背面）

②燙開縫份。

④對摺。

摺雙

口布（正面）

※製作2片

2. 製作內口袋，並接合於裡袋

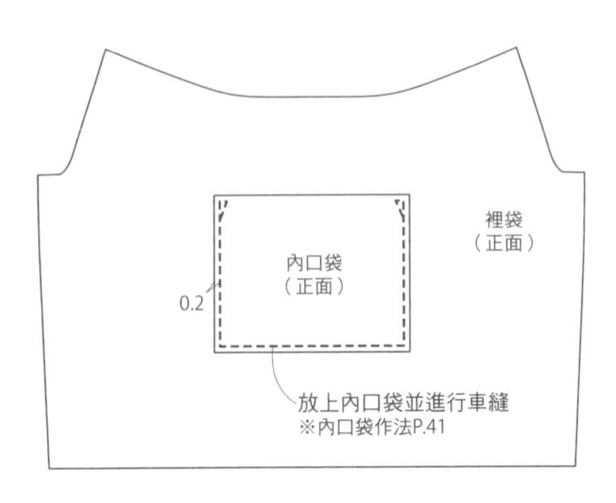

裡袋（正面）
內口袋（正面）
0.2
放上內口袋並進行車縫
※內口袋作法P.41

3. 製作裡袋

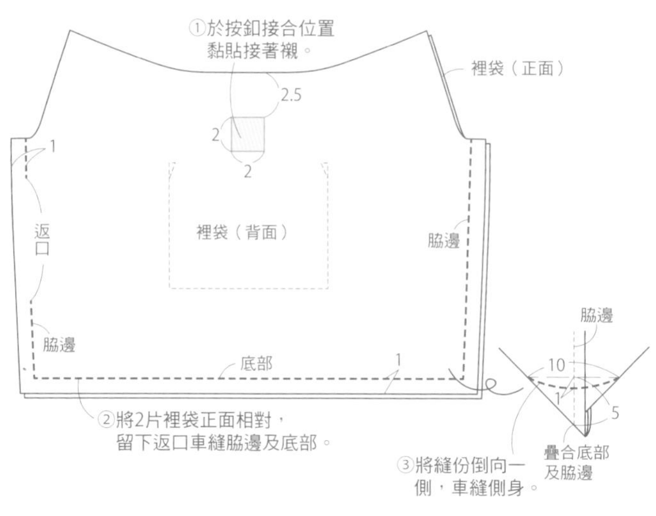

①於按釦接合位置
黏貼接著襯。
裡袋（正面）
2.5
2
2
1
返口
裡袋（背面）
脇邊
脇邊
底部
1
②將2片裡袋正面相對，
留下返口車縫脇邊及底部。
脇邊
10
1
5
疊合底部
及脇邊
③將縫份倒向一側，車縫側身。

4. 製作表袋

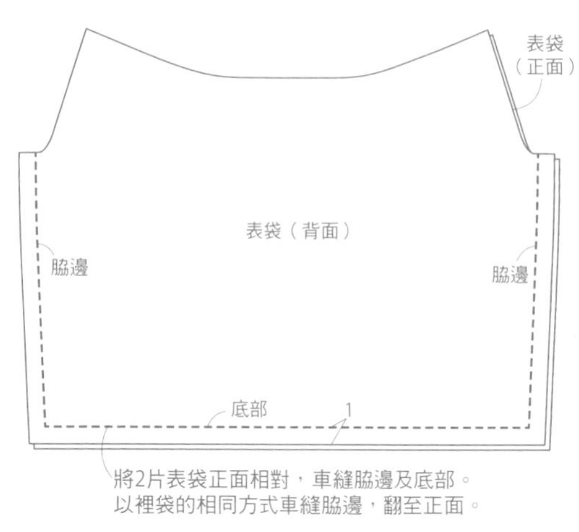

表袋
（正面）
表袋（背面）
脇邊
脇邊
底部
1
將2片表袋正面相對，車縫脇邊及底部。
以裡袋的相同方式車縫脇邊，翻至正面。

5. 縫合表袋及裡袋

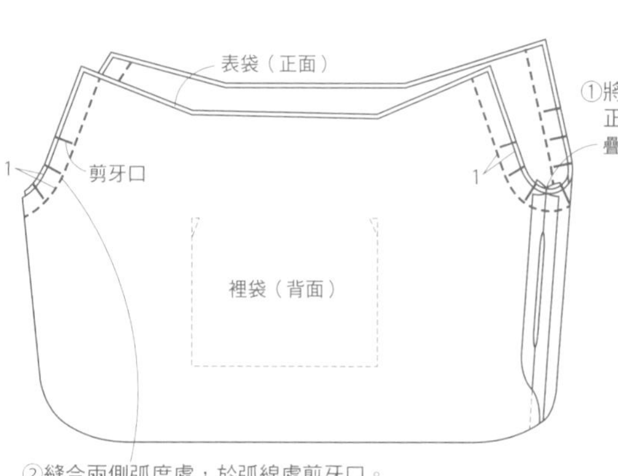

表袋（正面）
①將表袋及裡袋
正面相對，
疊合脇邊。
1
剪牙口
1
裡袋（背面）
②縫合兩側弧度處，於弧線處剪牙口。

6. 夾入口布並進行車縫

弧度處的縫份
倒向裡袋側
在表袋及裡袋之間
夾入口布並進行車縫，
翻至正面
口布
（正面）
1
表袋（背面）
1
口布
（背面）
疊合邊緣
摺雙
裡袋
（背面）
裡袋（背面）
表袋
（正面）
摺雙

7. 製作提把，並穿入口布

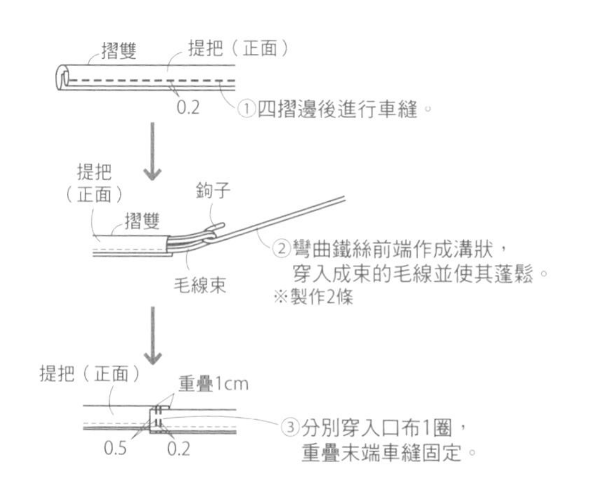

摺雙
提把（正面）
0.2
①四摺邊後進行車縫。
提把
（正面）
鉤子
摺雙
②彎曲鐵絲前端作成溝狀，
穿入成束的毛線並使其蓬鬆。
※製作2條
毛線束
提把（正面）
重疊1cm
③分別穿入口布1圈，
重疊末端車縫固定。
0.5
0.2

在裡袋裝上塑膠按釦，並以藏針縫（P.44）縫合返口
※參照P.44「塑膠按釦的安裝方式」

◉ 完成圖

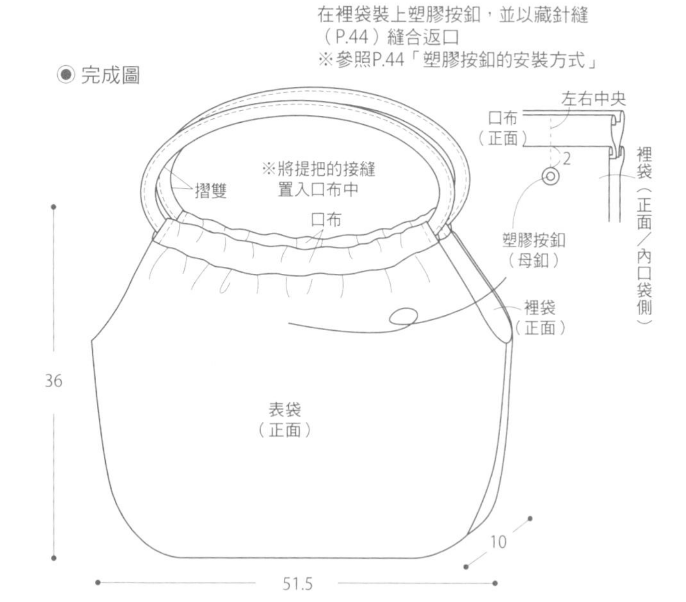

左右中央
口布
（正面）
2
裡袋（正面／內口袋側）
※將提把的接縫
置入口布中
摺雙
口布
塑膠按釦
（母釦）
裡袋
（正面）
36
表袋
（正面）
10
51.5

水桶形交叉提把包
水桶形單提把包

Photo P.10

◉ 材料　※基本為交叉提把包。〔　〕內為單提把包

- 羊毛布（咖啡色系）〔藍綠色〕
  …寬145cm×30cm〔寬145cm×40cm〕
- 〔羊毛布（黑色）…寬145cm×25cm〕
- 尼龍牛津布（卡其色）〔黑色〕
  …寬117cm×30cm〔寬117cm×40cm〕
- 熨燙式接著襯（中～厚）…90cm×70cm
  〔寬90cm×30cm〕
- 直徑2.5cm的鈕釦…4個〔內徑2.5cm的接環
  …1個〕

◉ 材料memo

羊毛稍厚～厚的布料，就能作出漂亮的形狀。在底部使用堅挺的布料及芯材吧！

◉ 原寸紙型

交叉提把包
A面【5】〈1、2〉
單提把包
B面【1】〈1、2〉
1-表袋・裡袋　2-表袋底・裡袋底

◉ 裁布圖　※單位為cm　※在▭黏貼熨燙式接著襯
※已含縫份　※提把、提把表布・裡布、內口袋直接於布料上畫線裁剪

交叉提把包
羊毛布（咖啡色系）

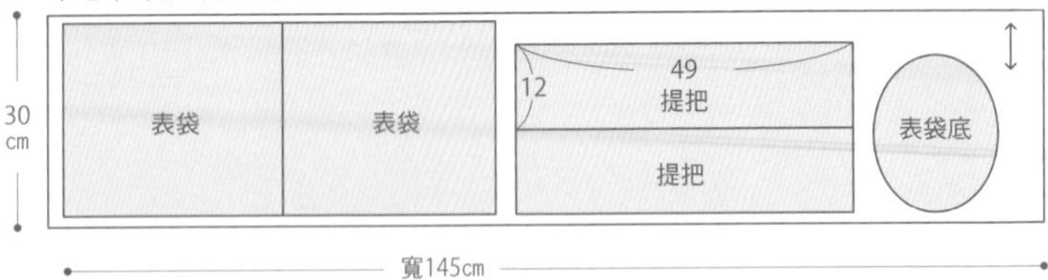

30 cm
表袋
表袋
49
12
提把
提把
表袋底
寬145cm

尼龍牛津布

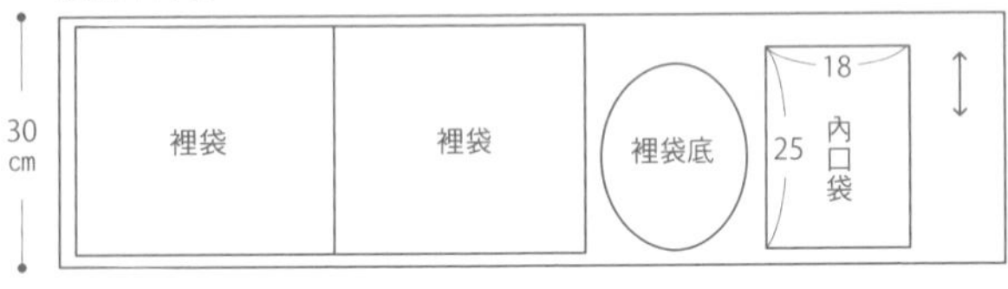

30 cm
裡袋
裡袋
裡袋底
18
25
內口袋
寬117cm

單提把包
羊毛布（藍綠色）

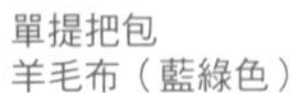

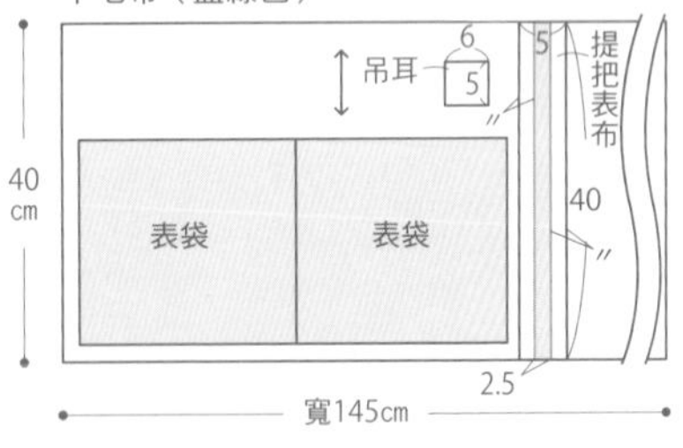

40 cm
6
吊耳
5
5
提把表布
表袋
表袋
40
2.5
寬145cm

羊毛布（黑色）

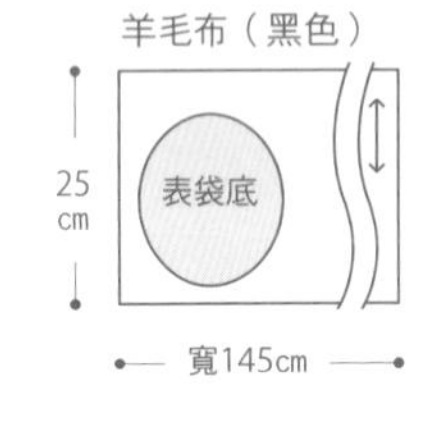

25 cm
表袋底
寬145cm

尼龍牛津布

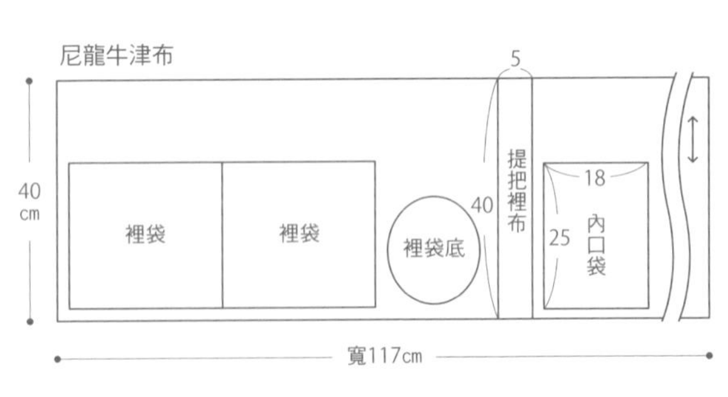

5
40 cm
裡袋
裡袋
裡袋底
40
提把裡布
18
25
內口袋
寬117cm

◉ 作法　※單位為cm

1. 製作內口袋，並接合於裡袋

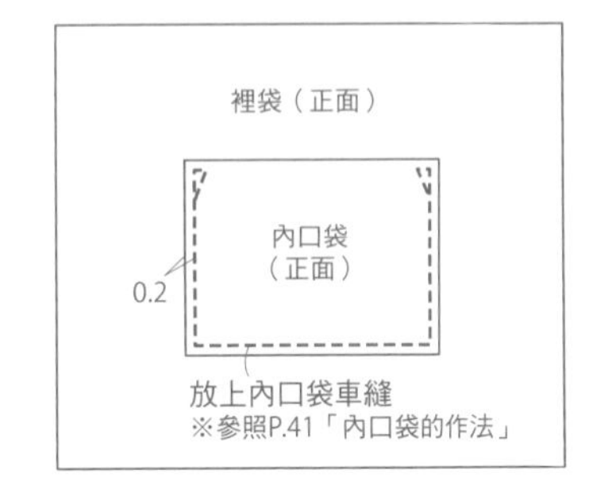

裡袋（正面）
內口袋（正面）
0.2
放上內口袋車縫
※參照P.41「內口袋的作法」

2. 製作提把／交叉提把包

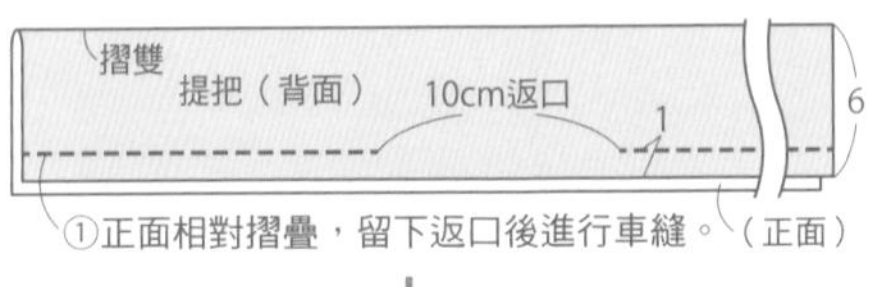

摺雙
提把（背面）
10cm返口
1
6
①正面相對摺疊，留下返口後進行車縫。
（正面）

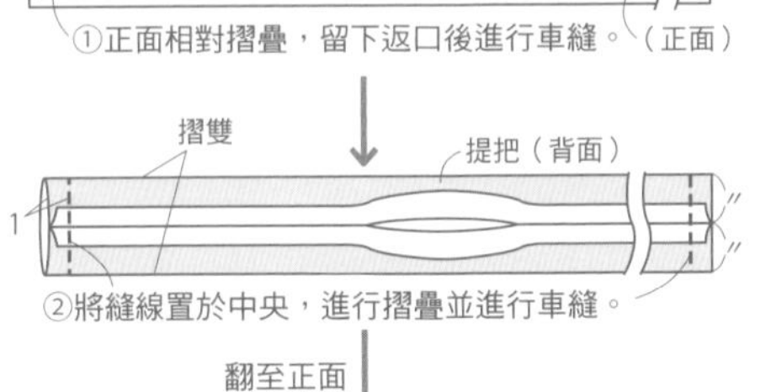

摺雙
提把（背面）
1
②將縫線置於中央，進行摺疊並進行車縫。
翻至正面
③返口以藏針縫（P.44）縫合。
提把（正面）
※製作2條

2. 製作提把及吊耳／單提把包

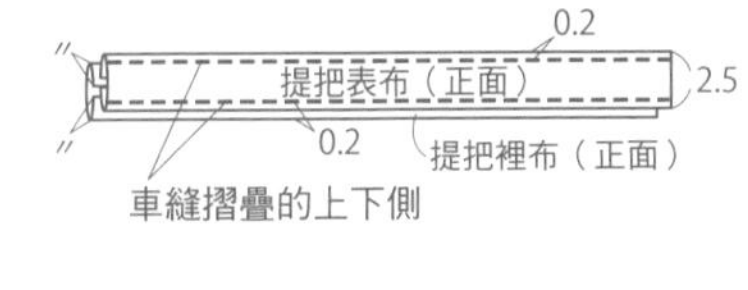

0.2
提把表布（正面）
2.5
0.2
提把裡布（正面）
車縫摺疊的上下側

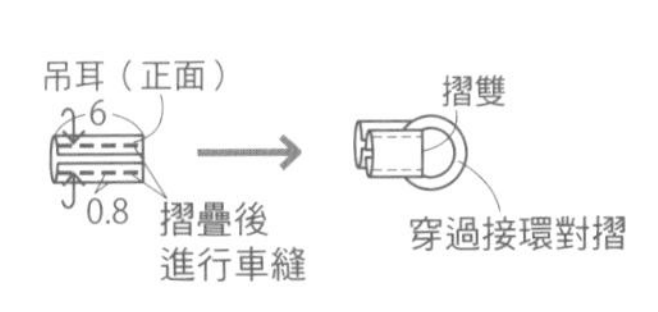

吊耳（正面）
6
0.8
摺疊後進行車縫
摺雙
穿過接環對摺

3. 製作表袋

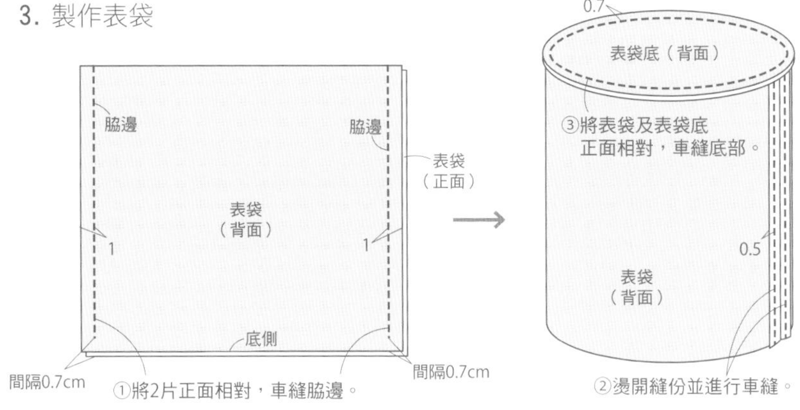
0.7
表袋底（背面）
脇邊
脇邊
表袋
（正面）
表袋
（背面）
③將表袋及表袋底
正面相對，車縫底部。
1
1
0.5
表袋
（背面）
底側
間隔0.7cm
間隔0.7cm
①將2片正面相對，車縫脇邊。
②燙開縫份並進行車縫。

4. 製作裡袋

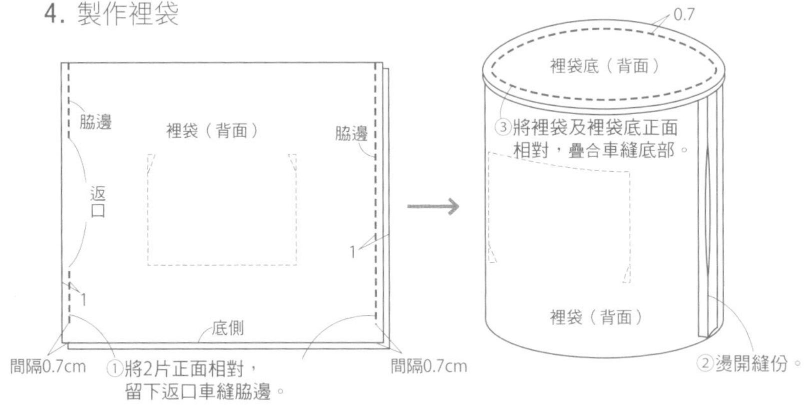
0.7
裡袋底（背面）
脇邊
裡袋（背面）
脇邊
③將裡袋及裡袋底正面
相對，疊合車縫底部。
返口
1
1
裡袋（背面）
底側
間隔0.7cm
①將2片正面相對，
留下返口車縫脇邊。
間隔0.7cm
②燙開縫份。

5. 縫合固定提把／交叉提把包

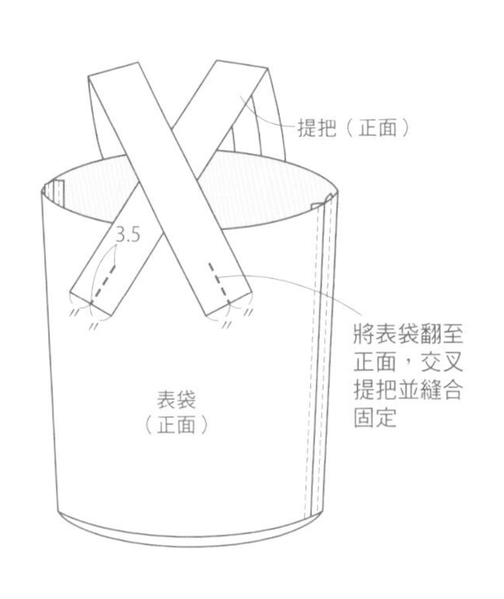
提把（正面）
3.5
將表袋翻至
正面，交叉
提把並縫合
固定
表袋
（正面）

5. 接合提把及吊耳／單提把包

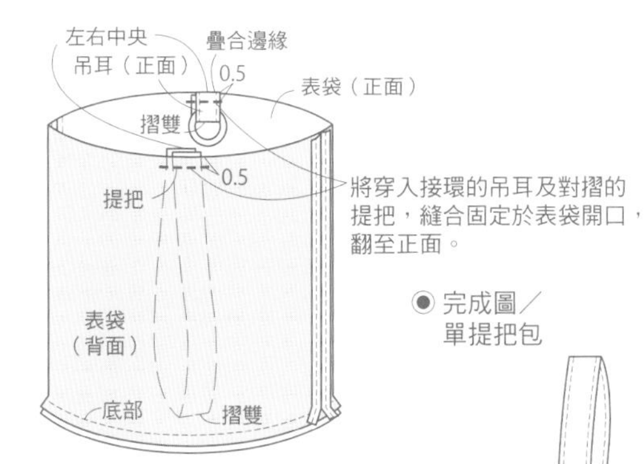
左右中央
吊耳（正面）
疊合邊緣
0.5
表袋（正面）
摺雙
0.5
提把
將穿入接環的吊耳及對摺的
提把，縫合固定於表袋開口，
翻至正面。
表袋
（背面）
底部
摺雙

6. 縫合表袋及裡袋

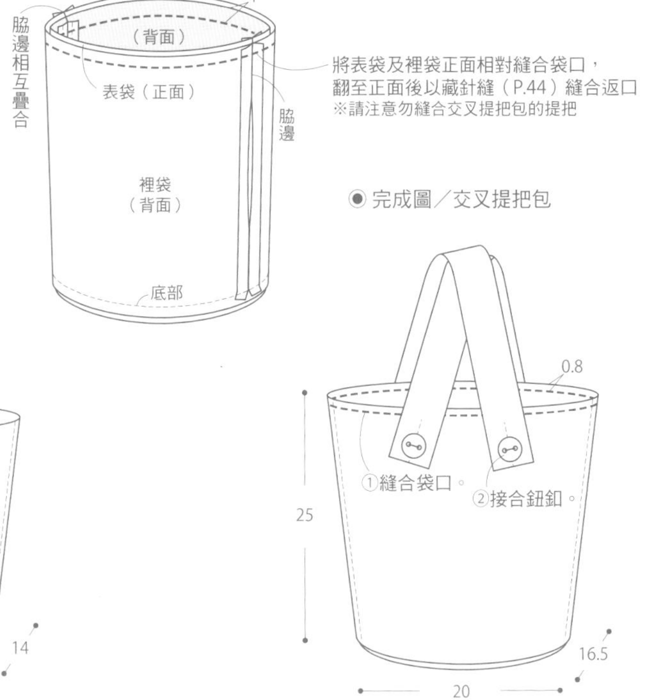
1
脇邊相互疊合
（背面）
表袋（正面）
將表袋及裡袋正面相對縫合袋口，
翻至正面後以藏針縫（P.44）縫合返口
※請注意勿縫合交叉提把包的提把
脇邊
裡袋
（背面）
底部
◉ 完成圖／
單提把包
◉ 完成圖／交叉提把包
0.8
①縫合袋口。
②接合鈕釦。
23
14
17
25
16.5
20

拉鍊托特包／大・中・兒童款

Photo P.13

◉ 材料memo

棉、麻等略厚～厚的布料。在裡袋或表袋使用相當於11號帆布厚度的布料，就算沒有貼襯也能夠很硬挺。C的後背包尺寸是約2歲幼兒適用的長度。

◉ 材料

a大

- 木棉布（BRITA SWEDEN／OVERSEAS　灰色）…寬150cm×40cm
- 11號帆布（漂白）…寬90cm×130cm
- 長50cm的塑鋼拉鍊…1條

b中

- 木棉布（BRITA SWEDEN／OVERSEAS　黃色）…寬150cm×30cm
- 11號帆布（焦糖）…寬90cm×90cm
- 長40cm的塑鋼拉鍊…1條

c兒童款

- 木棉布（BRITA SWEDEN／OVERSEAS　黑色）…寬150cm×25cm
- 11號帆布（黑色）…寬90cm×40cm
- 長30cm的塑鋼拉鍊…1條　・寬2.5cm的口形環、調節環…各2個
- 寬2.5cm的壓克力織帶…長55cm・4cm各2條、長52cm・23cm各1條
- 熨燙式接著襯（中～厚）或是SLICER襯…6cm×3cm

◉ 裁布圖　※單位為cm　※基本尺寸為大，〔　〕內為中
※已含縫份　※直接在布料上畫線裁剪

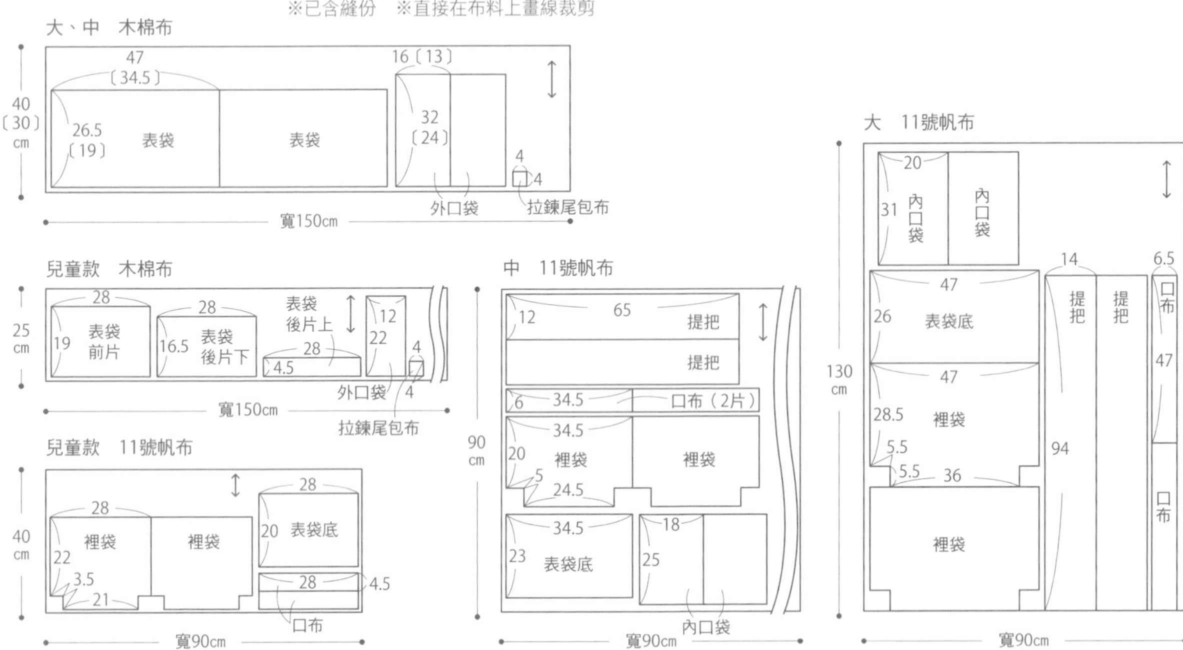

大、中　木棉布
47
〔34.5〕
16〔13〕
40〔30〕cm
26.5〔19〕
表袋
表袋
32〔24〕
4
4
外口袋
拉鍊尾包布
寬150cm
大　11號帆布
20
31
內口袋
內口袋
兒童款　木棉布
28
28
表袋後片上
25cm
19
表袋前片
16.5
表袋後片下
28
4.5
12
22
4
外口袋
4
拉鍊尾包布
寬150cm
中　11號帆布
12
65
提把
提把
6
34.5
口布（2片）
34.5
20
裡袋
裡袋
5
24.5
34.5
23
表袋底
18
25
內口袋
90cm
寬90cm
14
6.5
47
26
表袋底
提把
提把
口布
47
47
28.5
裡袋
5.5
5.5
36
94
130cm
口布
裡袋
寬90cm
兒童款　11號帆布
28
28
40cm
裡袋
裡袋
20
表袋底
22
3.5
21
28
4.5
口布
寬90cm

◉ 作法　※單位為cm　※基本尺寸為大，〔　〕內為中，〈　〉內為兒童款

1. 製作提把（僅大、中需要）

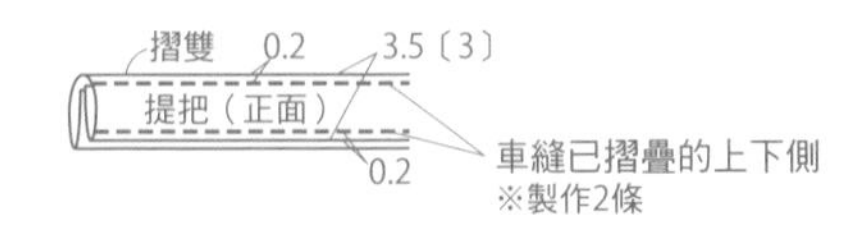

摺雙
0.2
3.5〔3〕
提把（正面）
0.2
車縫已摺疊的上下側
※製作2條

2. 處理拉鍊尾端

※參照P.47「拉鍊的接合方式B」

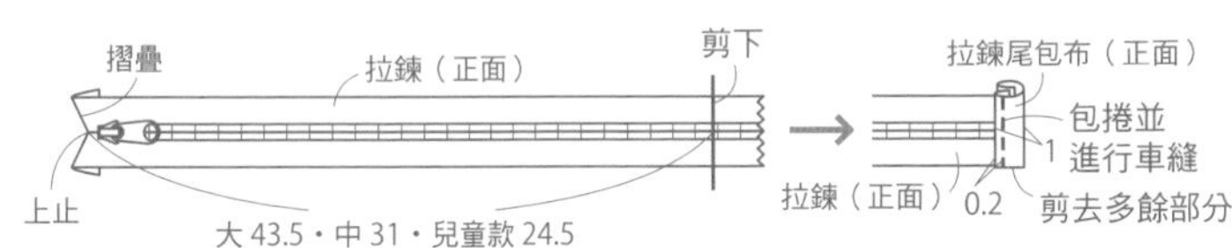

摺疊
拉鍊（正面）
剪下
上止
大 43.5・中 31・兒童款 24.5
拉鍊尾包布（正面）
包捲並
進行車縫
1
拉鍊（正面）
0.2
剪去多餘部分

3. 製作內口袋，並接合於裡袋

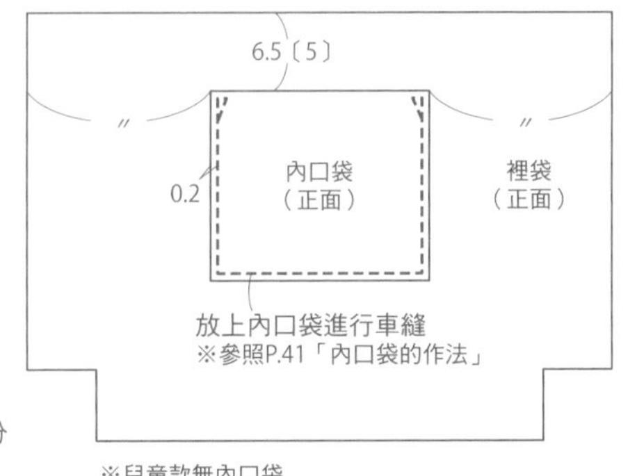

6.5〔5〕
0.2
內口袋
（正面）
裡袋
（正面）
放上內口袋進行車縫
※參照P.41「內口袋的作法」

※兒童款無內口袋

4. 將外口袋接合於表袋（兒童款是表袋前片）

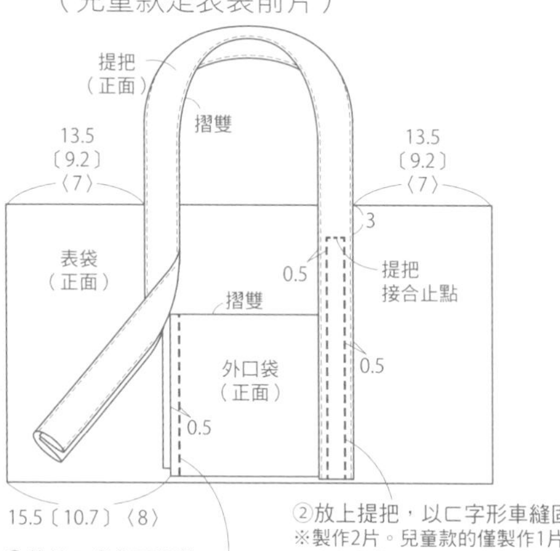
提把
（正面）
摺雙
13.5
〔9.2〕
〈7〉
13.5
〔9.2〕
〈7〉
3
表袋
（正面）
0.5
提把
接合止點
摺雙
外口袋
（正面）
0.5
0.5
15.5〔10.7〕〈8〉

①將外口袋背面相對對摺，放置於表袋上，暫時固定。

②放上提把，以匚字形車縫固定
※製作2片。兒童款的僅製作1片
※兒童款使用長52cm的壓克力織帶作成提把

5. 縫合表袋及表袋底

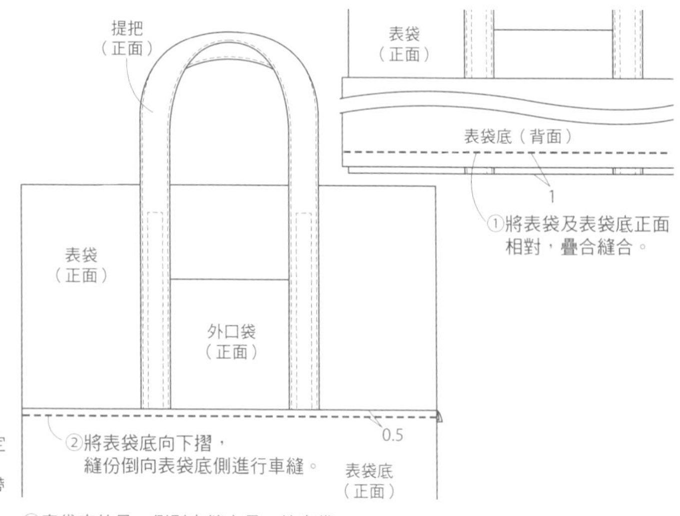
提把
（正面）
表袋
（正面）
表袋底（背面）
1
表袋
（正面）
外口袋
（正面）
0.5
表袋底
（正面）

①將表袋及表袋底正面相對，疊合縫合。

②將表袋底向下摺，縫份倒向表袋底側進行車縫。

③表袋底的另一側則車縫上另一片表袋
※兒童款作法參照P.87，製作表袋後片後再縫合

6. 摺疊表袋底，車縫脇邊

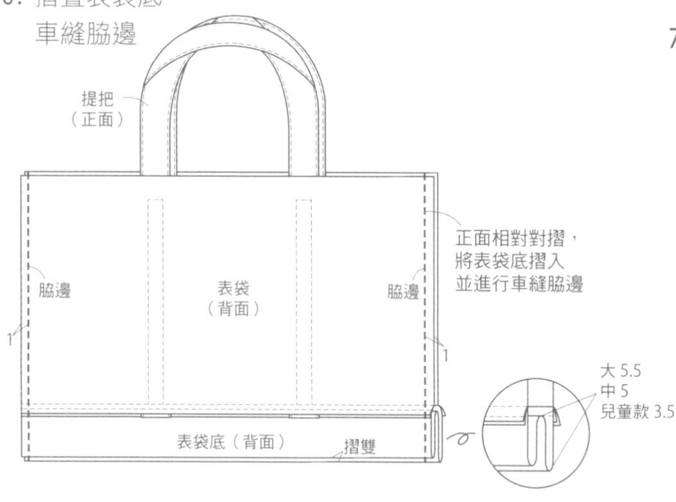
提把
（正面）
脇邊
表袋
（背面）
脇邊
1
1
表袋底（背面）
摺雙
大 5.5
中 5
兒童款 3.5

正面相對對摺，將表袋底摺入並進行車縫脇邊

7. 接合拉鍊

※參照P.47「拉鍊的接合方式B」

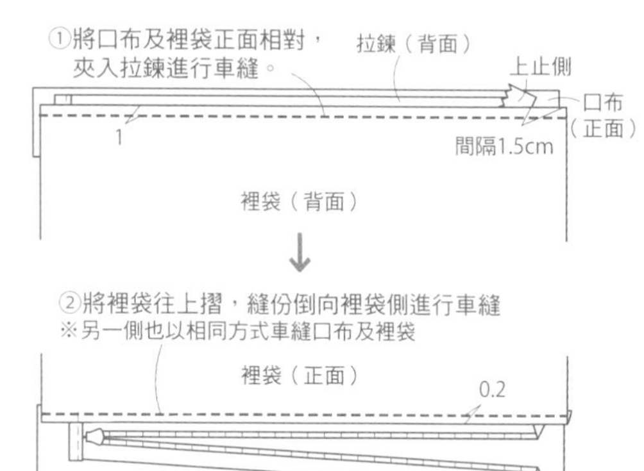
拉鍊（背面）
上止側
口布
（正面）
1
間隔1.5cm
裡袋（背面）
裡袋（正面）
0.2
口布（正面）
拉鍊（背面）

①將口布及裡袋正面相對，夾入拉鍊進行車縫。

②將裡袋往上摺，縫份倒向裡袋側進行車縫
※另一側也以相同方式車縫口布及裡袋

8. 製作裡袋

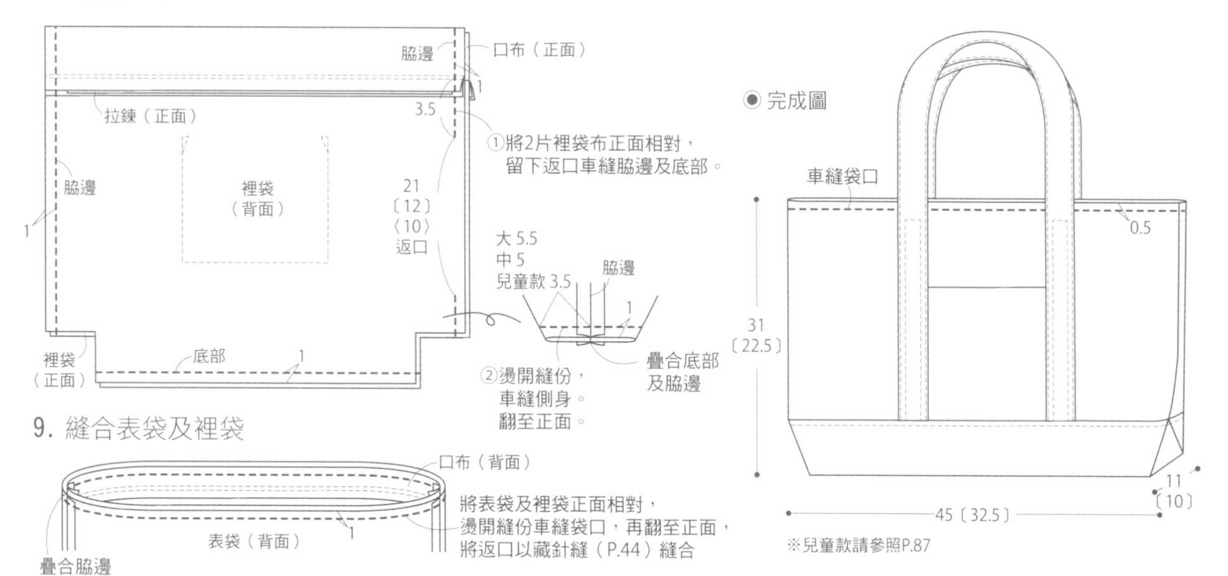
脇邊
口布（正面）
1
拉鍊（正面）
3.5
①將2片裡袋布正面相對，留下返口車縫脇邊及底部。
脇邊
裡袋
（背面）
21
〔12〕
〈10〉
返口
1
裡袋
（正面）
底部
1
大 5.5
中 5
兒童款 3.5
脇邊
1
疊合底部及脇邊
②燙開縫份，車縫側身，翻至正面。
9. 縫合表袋及裡袋
口布（背面）
將表袋及裡袋正面相對，燙開縫份車縫袋口，再翻至正面，將返口以藏針縫（P.44）縫合
表袋（背面）
1
疊合脇邊
完成圖
車縫袋口
0.5
31
〔22.5〕
11
〔10〕
45〔32.5〕
※兒童款請參照P.87

翻蓋後背包

Photo P.14

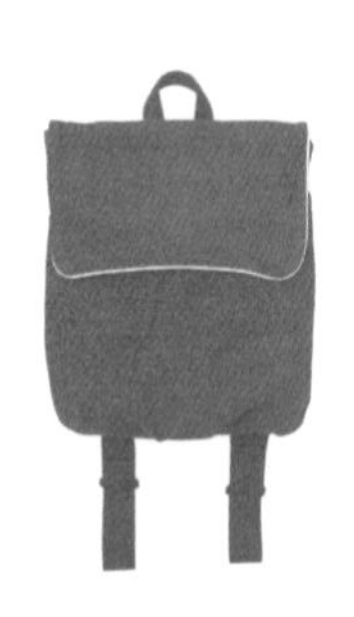

◉ 材料

- 棉麻布（LIBECO MOLE FABRIC　橄欖色）…寬135cm×50cm
- 尼龍牛津布（灰米色）…寬117cm×50cm
- 熨燙式接著襯（中～厚）…7cm×33cm
- 木棉布（米白色）／滾邊布…2.8cm×70cm
- 粗1.5mm的塑膠芯或繩子…63cm
- 直徑1.3cm的塑膠按釦…1組
- 寬3.8cm的尼龍織帶（深綠色）…83cm、15cm各2條
- 寬3.8cm的口形環、調節環（黑色）…各2個

◉ 材料memo

棉、麻等略厚～厚的布料。滾邊布除了使用相同布料之外，可依照喜好使用薄棉質滾邊條等材料。

◉ 原寸紙型

A面【6】〈1～3〉

1-表袋前片　2-表袋後片・裡袋　3-袋蓋

◉ 裁布圖　※單位為cm　※在▭黏貼熨燙式接著襯　※已含縫份　※口布、提把、內口袋直接在布料上畫線裁剪

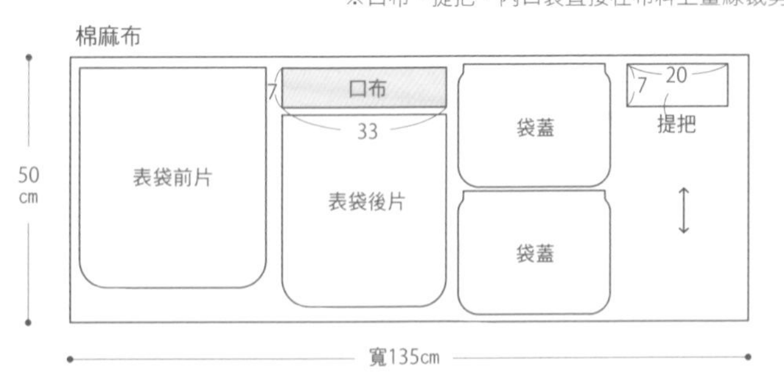

棉麻布
口布
7
33
20
7
提把
表袋前片
表袋後片
袋蓋
袋蓋
50 cm
寬135cm

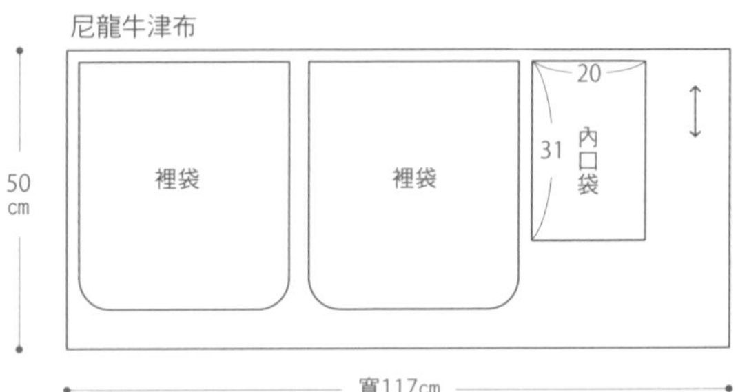

尼龍牛津布
20
31
內口袋
裡袋
裡袋
50 cm
寬117cm

◉ 作法　※單位為cm

1. 製作內口袋，並接合於裡袋

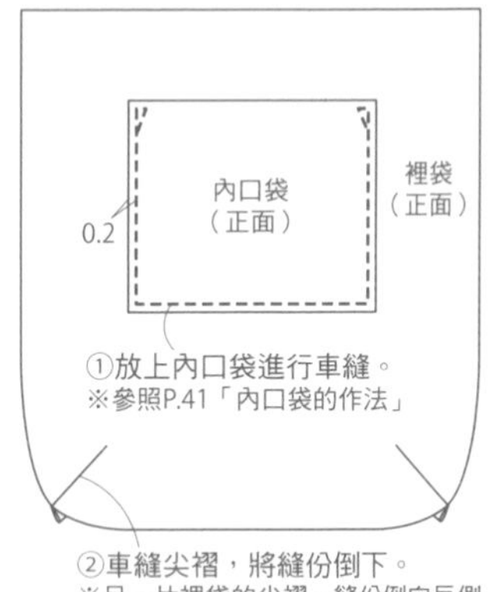

內口袋（正面）
裡袋（正面）
0.2
①放上內口袋進行車縫。
※參照P.41「內口袋的作法」
②車縫尖褶，將縫份倒下。
※另一片裡袋的尖褶，縫份倒向反側

2. 製作提把

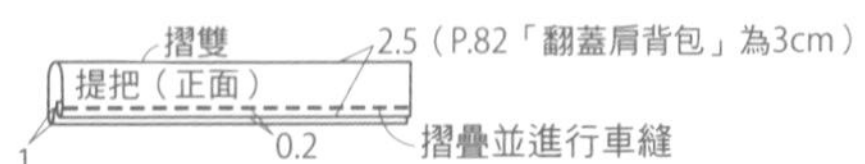

摺雙
2.5（P.82「翻蓋肩背包」為3cm）
提把（正面）
1
0.2
摺疊並進行車縫

3. 製作出芽滾邊

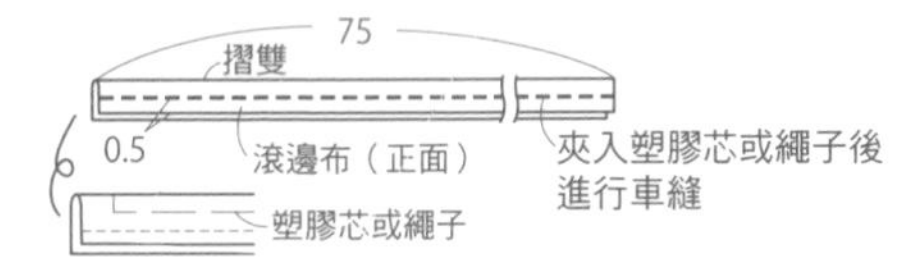

75
摺雙
0.5
滾邊布（正面）
夾入塑膠芯或繩子後進行車縫
塑膠芯或繩子

4. 製作袋蓋

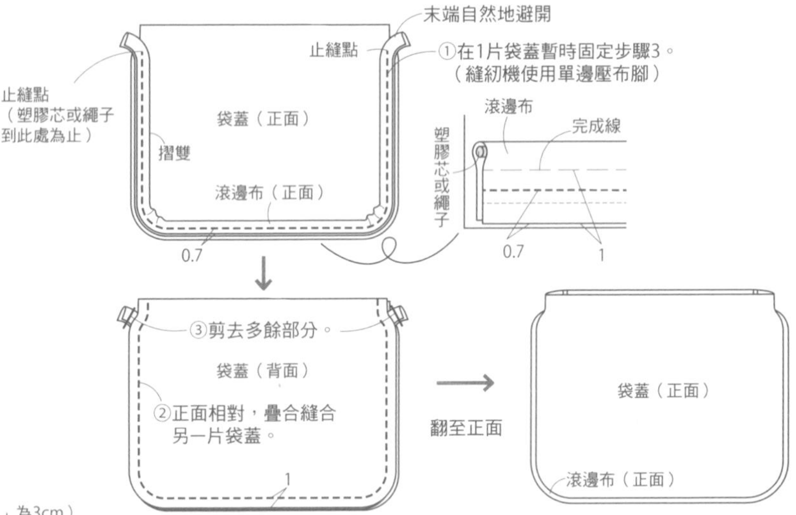

末端自然地避開
止縫點
①在1片袋蓋暫時固定步驟3。
（縫紉機使用單邊壓布腳）
止縫點
（塑膠芯或繩子到此處為止）
袋蓋（正面）
摺雙
滾邊布（正面）
0.7
滾邊布
完成線
塑膠芯或繩子
0.7
1
③剪去多餘部分。
袋蓋（背面）
②正面相對，疊合縫合另一片袋蓋。
1
翻至正面
袋蓋（正面）
滾邊布（正面）

5. 製作肩背帶

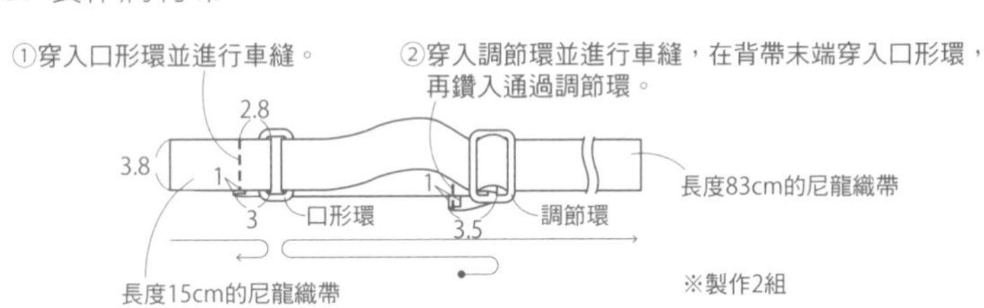

①穿入口形環並進行車縫。
②穿入調節環並進行車縫，在背帶末端穿入口形環，再鑽入通過調節環。
2.8
3.8
1
3
口形環
1
3.5
調節環
長度83cm的尼龍織帶
長度15cm的尼龍織帶
※製作2組

6. 製作前片

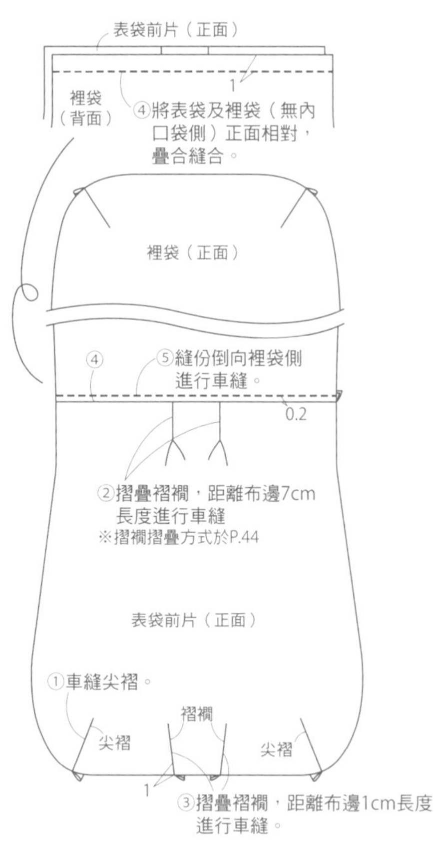

表袋前片（正面）
1
裡袋
（背面）
④將表袋及裡袋（無內口袋側）正面相對，疊合縫合。
裡袋（正面）
④
⑤縫份倒向裡袋側進行車縫。
0.2
②摺疊褶襉，距離布邊7cm長度進行車縫
※摺襉摺疊方式於P.44
表袋前片（正面）
①車縫尖褶。
褶襉
尖褶
尖褶
1
③摺疊褶襉，距離布邊1cm長度進行車縫。

7. 製作後片

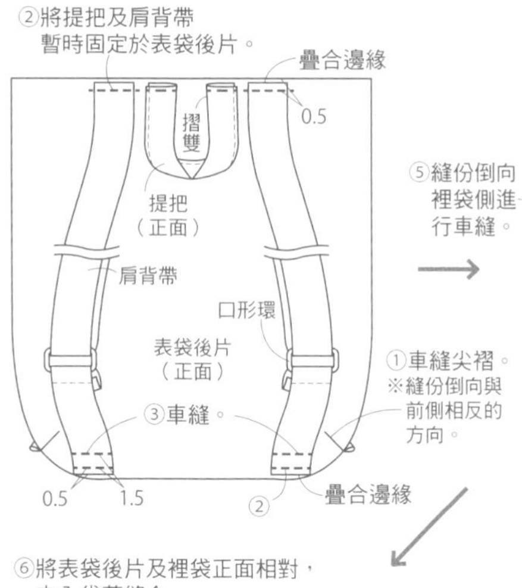

②將提把及肩背帶暫時固定於表袋後片。
疊合邊緣
0.5
摺雙
提把
（正面）
肩背帶
口形環
表袋後片
（正面）
①車縫尖褶。
※縫份倒向與前側相反的方向。
③車縫。
0.5
1.5
②
疊合邊緣

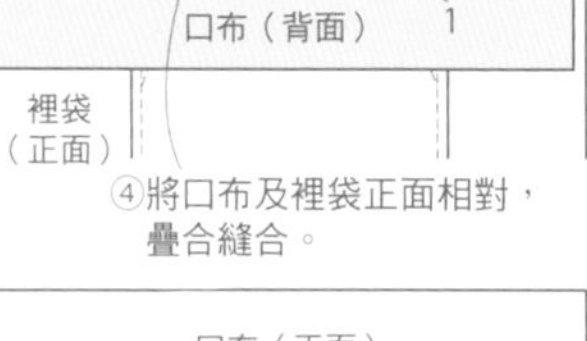

口布（背面）
1
裡袋
（正面）
④將口布及裡袋正面相對，疊合縫合。

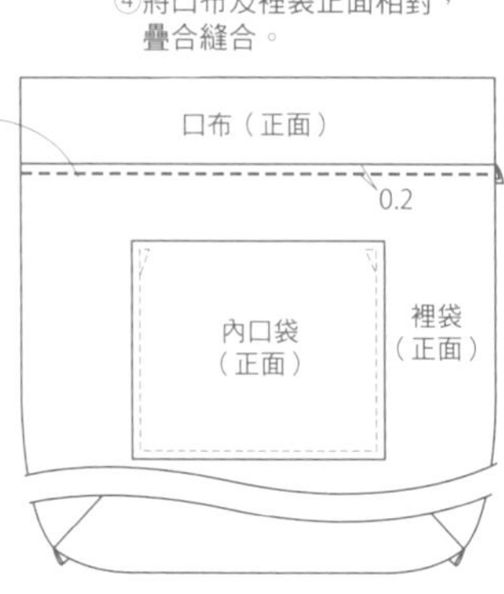

⑤縫份倒向裡袋側進行車縫。
口布（正面）
0.2
內口袋
（正面）
裡袋
（正面）

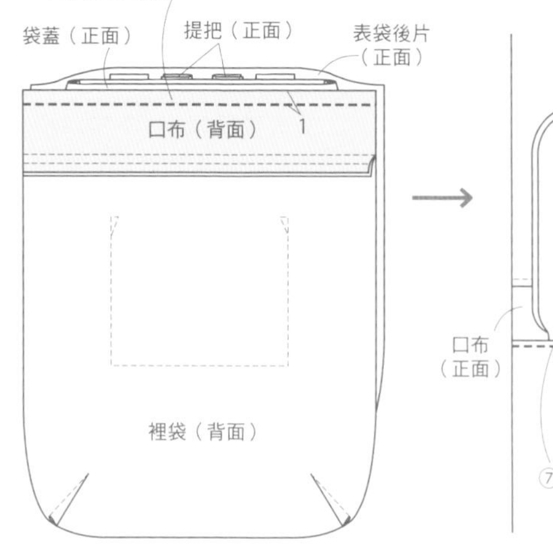

⑥將表袋後片及裡袋正面相對，夾入袋蓋縫合。
袋蓋（正面）
提把（正面）
表袋後片
（正面）
口布（背面）
1
裡袋（背面）

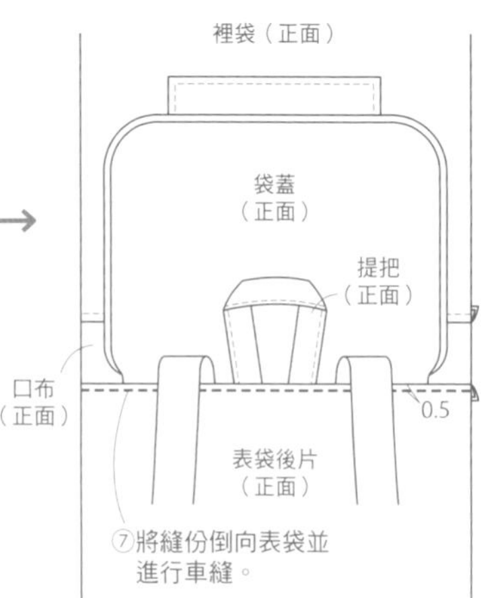

裡袋（正面）
袋蓋
（正面）
提把
（正面）
口布
（正面）
0.5
表袋後片
（正面）
⑦將縫份倒向表袋並進行車縫。

8. 縫合表袋及裡袋

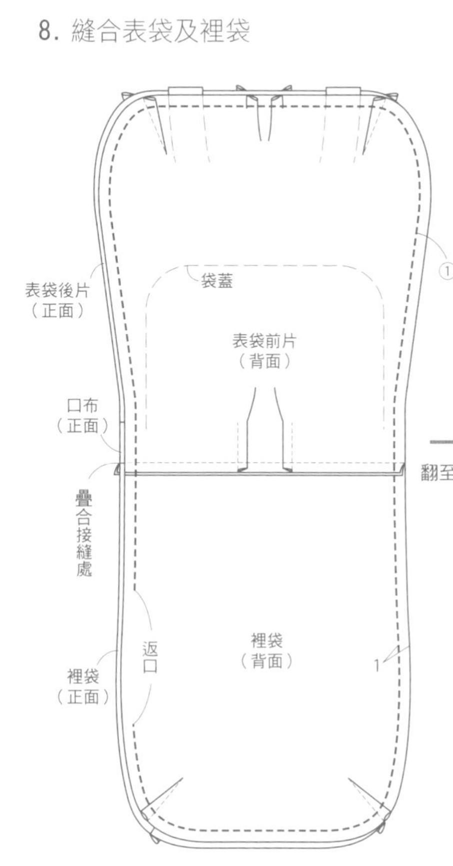

表袋後片
（正面）
袋蓋
表袋前片
（背面）
①將表袋、裡袋各自正面相對，留下返口進行車縫。
口布
（正面）
疊合接縫處
返口
裡袋
（背面）
1
裡袋
（正面）

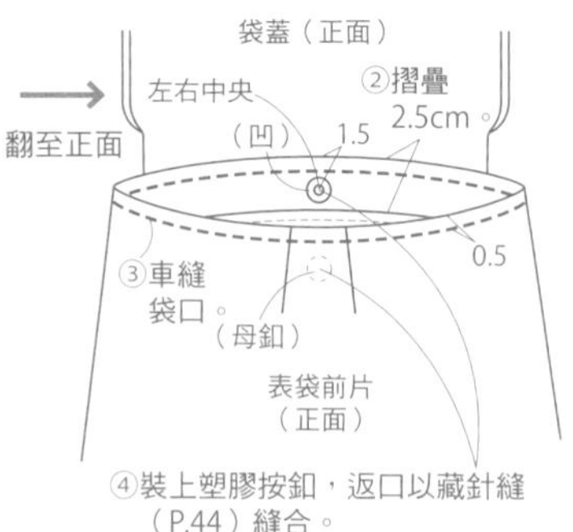

翻至正面
袋蓋（正面）
左右中央
②摺疊
2.5cm。
（凹）
1.5
0.5
③車縫
袋口。
（母釦）
表袋前片
（正面）
④裝上塑膠按釦，返口以藏針縫（P.44）縫合。
※參照P.44「塑膠按釦的安裝法」

◉ 完成圖

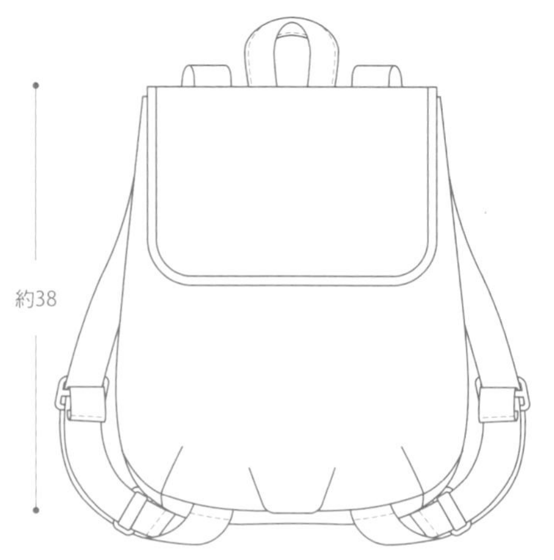

約38
36

上蓋式方包

Photo P.16

◉ 材料
- 棉麻布（LIBECO MOLE FABRIC　繡球紅色）…寬135cm×50cm
- 尼龍牛津布（卡其色）…寬117cm×50cm
- 熨燙式接著襯（中～厚）…90cm×70cm
- 直徑1.3cm的塑膠按釦…1組

◉ 材料memo

棉、麻、羊毛等略厚～厚的布料。在袋蓋黏貼上較硬的黏著襯，作得硬挺是重點。

◉ 原寸紙型

A面【7】〈1～4〉

1-表袋　2-裡袋　3-表側身・裡側身

4-袋蓋

◉ 裁布圖　※單位為cm　※在▭黏貼熨燙式接著襯

※已含縫份　※提把、內口袋直接在布料上畫線裁剪

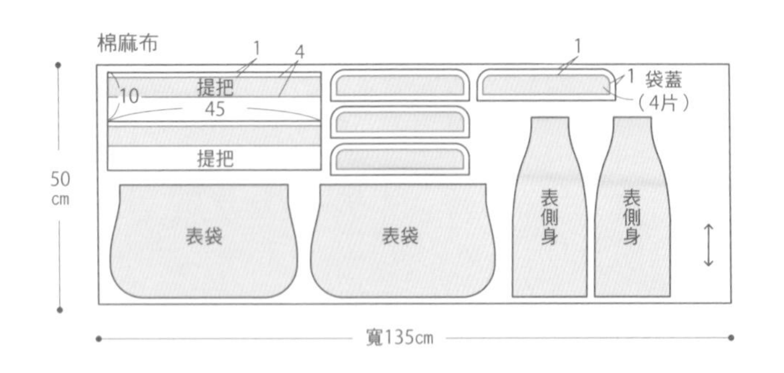

棉麻布
1
4
提把
10
45
提把
1
1 袋蓋
（4片）
50
cm
表袋
表袋
表側身
表側身
寬135cm

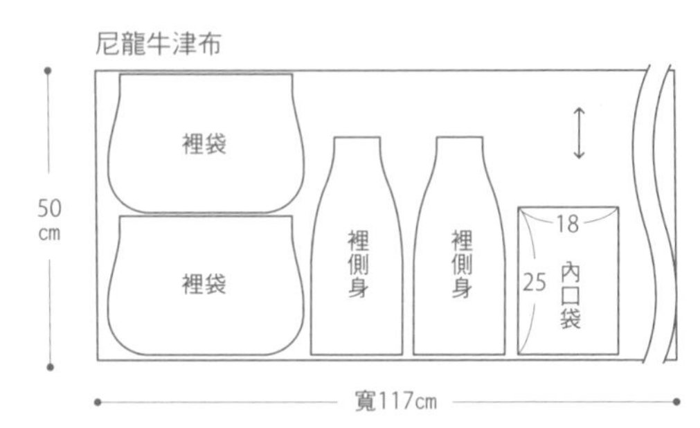

尼龍牛津布
裡袋
裡袋
50
cm
裡側身
裡側身
18
25
內口袋
寬117cm

◉ 作法　※單位為cm

1. 製作提把

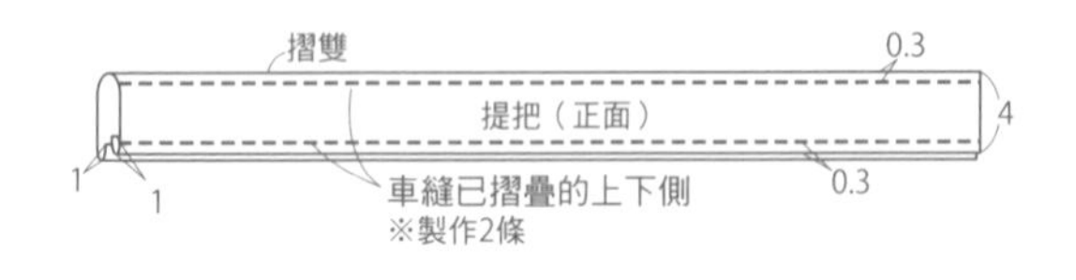

摺雙
0.3
提把（正面）
4
1
1
車縫已摺疊的上下側
※製作2條
0.3

2. 製作袋蓋

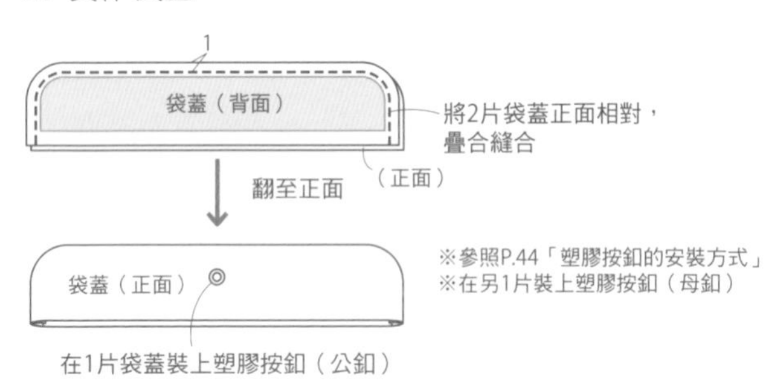

1
袋蓋（背面）
將2片袋蓋正面相對，
疊合縫合
（正面）
翻至正面
袋蓋（正面）
在1片袋蓋裝上塑膠按釦（公釦）
※參照P.44「塑膠按釦的安裝方式」
※在另1片裝上塑膠按釦（母釦）

3. 製作內口袋，並接合於裡袋

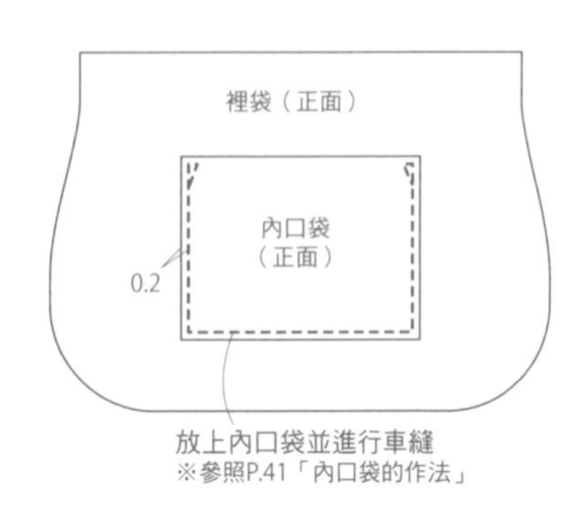

裡袋（正面）
內口袋
（正面）
0.2
放上內口袋並進行車縫
※參照P.41「內口袋的作法」

4. 製作表袋

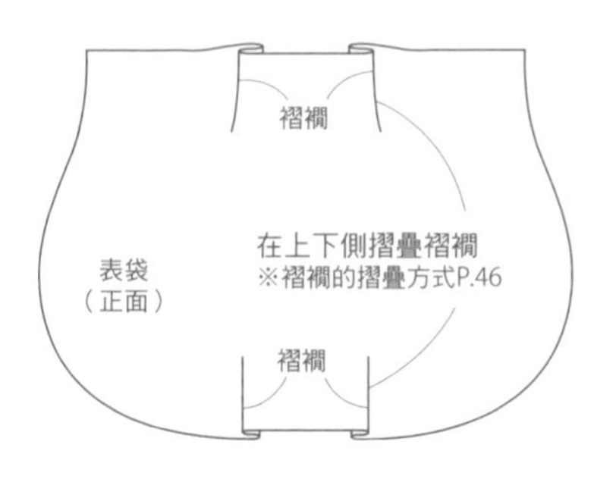

褶襉
在上下側摺疊褶襉
※褶襉的摺疊方式P.46
表袋
（正面）
褶襉

5. 製作側身

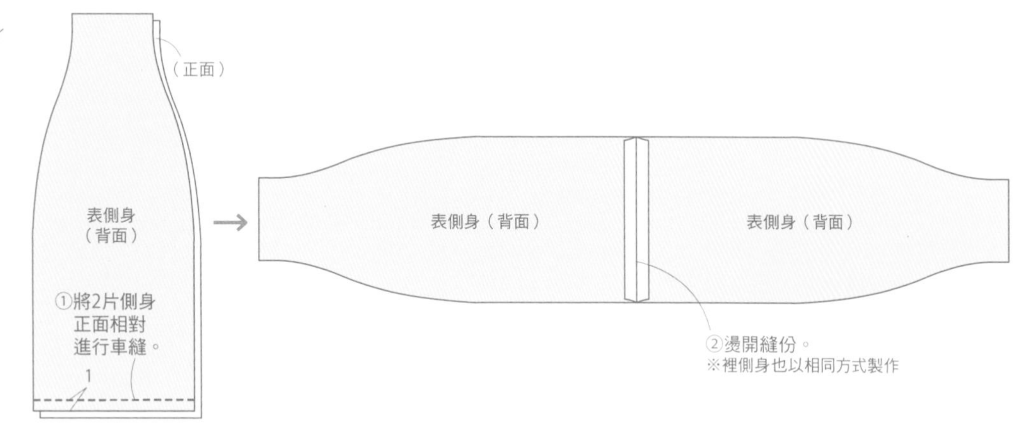

（正面）
表側身
（背面）
①將2片側身
正面相對
進行車縫。
1
表側身（背面）
表側身（背面）
②燙開縫份。
※裡側身也以相同方式製作

6. 縫合裡袋與裡側身

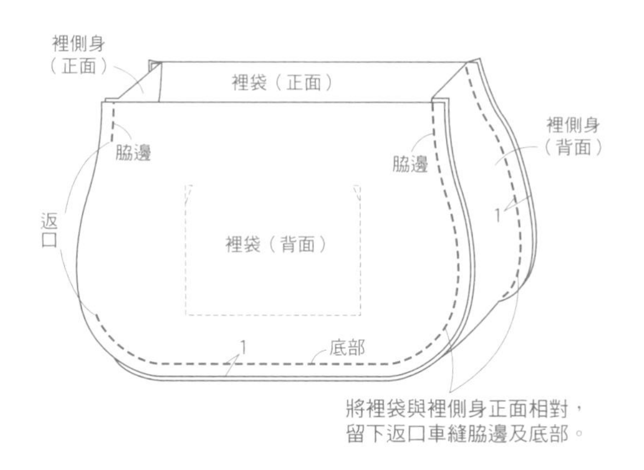

裡側身
（正面）
裡袋（正面）
脇邊
脇邊
裡側身
（背面）
返口
裡袋（背面）
1
1
底部
將裡袋與裡側身正面相對，
留下返口車縫脇邊及底部。

7. 縫合表袋及表側身

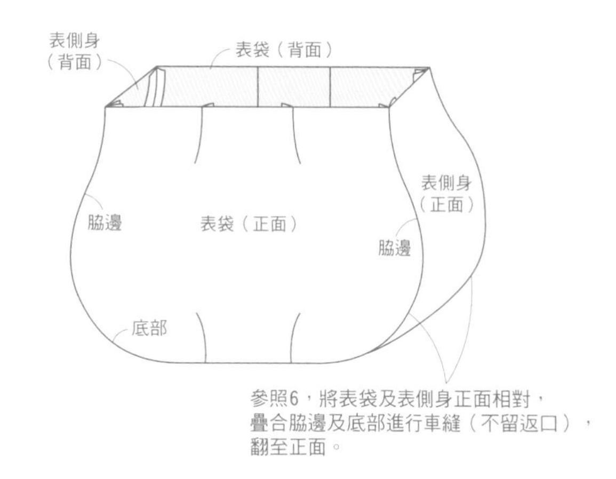

表側身
（背面）
表袋（背面）
表側身
（正面）
脇邊
表袋（正面）
脇邊
底部
參照6，將表袋及表側身正面相對，
疊合脇邊及底部進行車縫（不留返口），
翻至正面。

8. 縫合表袋及裡袋

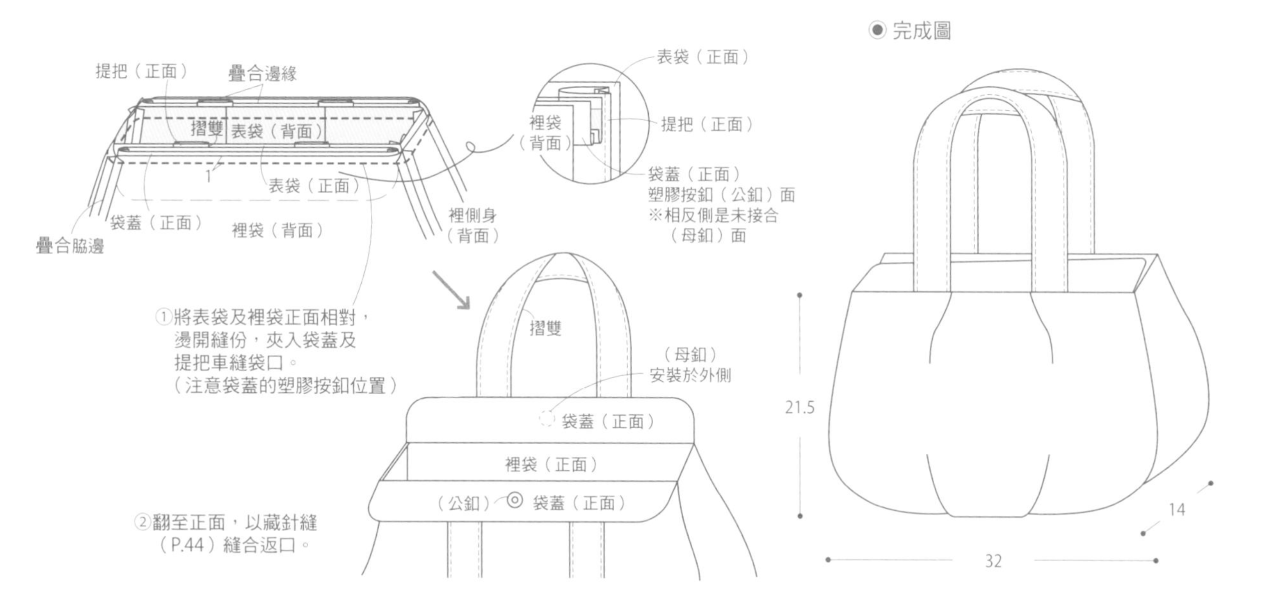

提把（正面）
疊合邊緣
摺雙
表袋（背面）
1
表袋（正面）
袋蓋（正面）
裡袋（背面）
裡側身
（背面）
疊合脇邊
表袋（正面）
裡袋
（背面）
提把（正面）
袋蓋（正面）
塑膠按釦（公釦）面
※相反側是未接合
（母釦）面
①將表袋及裡袋正面相對，
燙開縫份，夾入袋蓋及
提把車縫袋口。
（注意袋蓋的塑膠按釦位置）
摺雙
（母釦）
安裝於外側
袋蓋（正面）
裡袋（正面）
（公釦）
袋蓋（正面）
②翻至正面，以藏針縫
（P.44）縫合返口。
◉ 完成圖
21.5
14
32

方形托特包／大・小

Photo P.18

◉ 材料 ※基本為大。〔　〕內為小。指定之外則為相同

- 木棉布（QUARTER REPORT／Lintu　藏青色）…寬150cm×60cm〔（QUARTER REPORT／metsa　黃色）…寬150cm×45cm〕
- 11號帆布（漂白）…寬90cm×90cm〔寬90cm×60cm〕
- 熨燙式接著襯（中～厚）…90cm×90cm〔90cm×60cm〕
- 直徑1.8cm的磁釦…1組

◉ 材料memo

棉、麻、羊毛略厚～厚的布料。由於是具有側身的立體包，因此建議在表袋或裡袋使用具有挺度的11號帆布布料。

◉ 原寸紙型

大　B面【2】〈1〉
小　A面【8】〈1〉
1-表袋

◉ 裁布圖　※單位為cm　※基本尺寸為大，〔　〕內為小。除了指定處之外其餘相同　※在▭黏貼接著襯
※已含縫份　※除了表袋之外，直接於布料上畫線裁剪

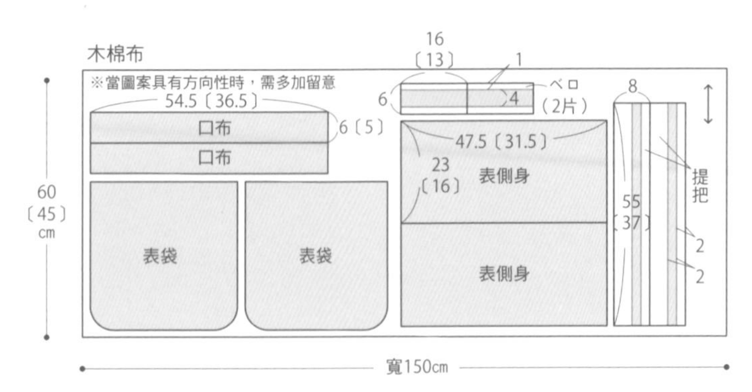

木棉布
※當圖案具有方向性時，需多加留意
54.5〔36.5〕
口布
口布
6〔5〕
16〔13〕
1
6
4
ベロ（2片）
8
47.5〔31.5〕
23〔16〕
表側身
表側身
55〔37〕
提把
2
2
60〔45〕cm
表袋
表袋
寬150cm

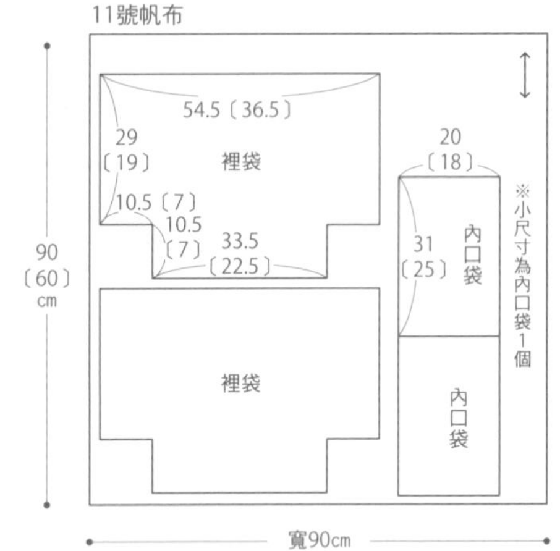

11號帆布
54.5〔36.5〕
29〔19〕
裡袋
10.5〔7〕
10.5〔7〕
33.5〔22.5〕
20〔18〕
31〔25〕
內口袋
※小尺寸為內口袋1個
90〔60〕cm
裡袋
內口袋
寬90cm

◉ 作法　※單位為cm　※基本尺寸為大，〔　〕內為小。除了指定處之外其餘相同

1. 車縫表側身底部

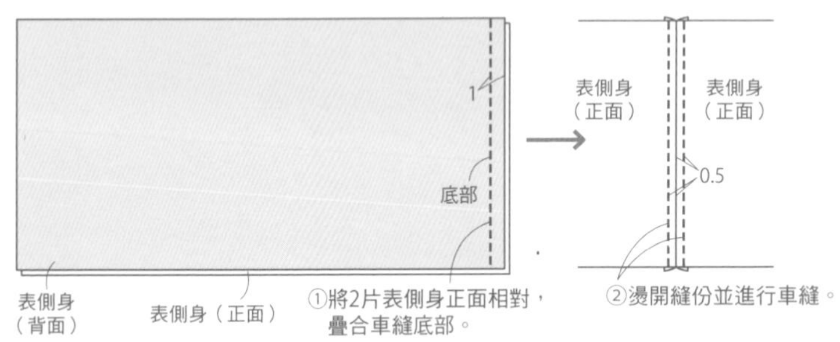

1
底部
表側身（背面）
表側身（正面）
①將2片表側身正面相對，疊合車縫底部。
表側身（正面）
表側身（正面）
0.5
②燙開縫份並進行車縫。

2. 製作提把＆釦片

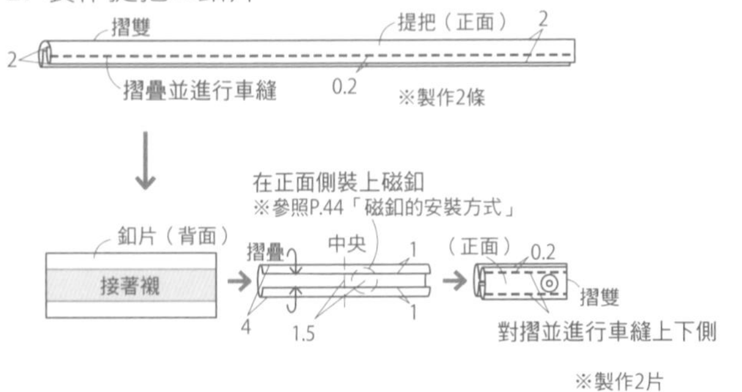

摺雙
提把（正面）
2
2
摺疊並進行車縫
0.2
※製作2條
在正面側裝上磁釦
※參照P.44「磁釦的安裝方式」
釦片（背面）
接著襯
摺疊
中央
1
1
4
1.5
（正面）
0.2
摺雙
對摺並進行車縫上下側
※製作2片

3. 製作表袋

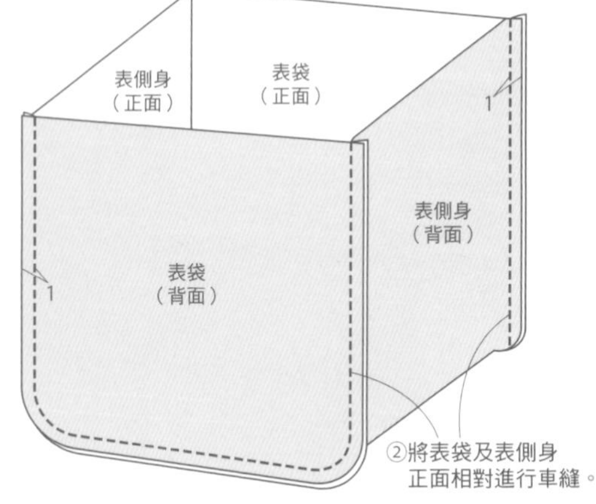

表側身（正面）
表袋（正面）
1
表側身（背面）
表袋（背面）
1
②將表袋及表側身正面相對進行車縫。

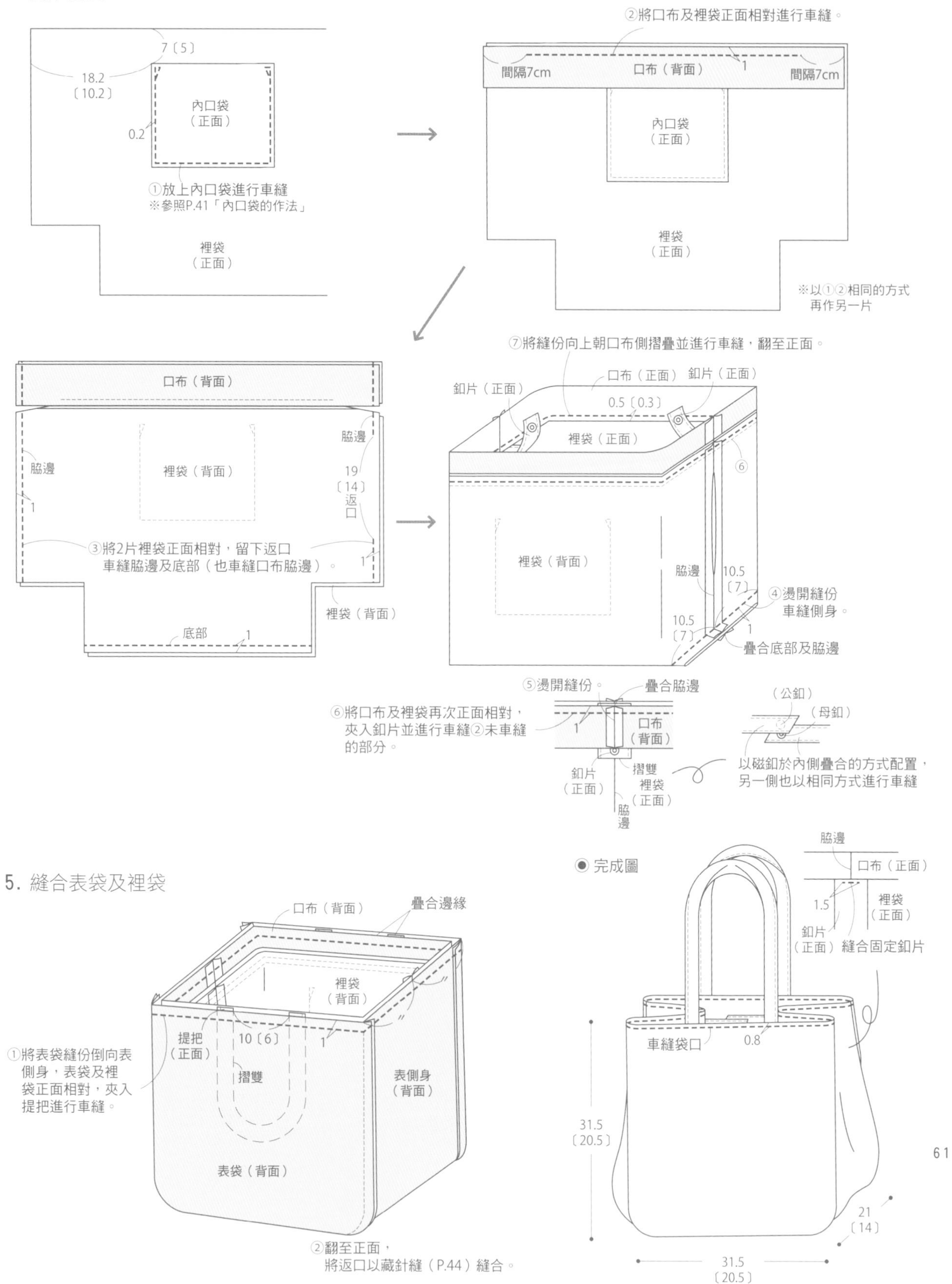

4. 製作裡袋
7〔5〕
18.2
〔10.2〕
內口袋
（正面）
0.2
①放上內口袋進行車縫
※參照P.41「內口袋的作法」
裡袋
（正面）
②將口布及裡袋正面相對進行車縫。
間隔7cm
口布（背面）
1
間隔7cm
內口袋
（正面）
裡袋
（正面）
※以①②相同的方式
再作另一片
口布（背面）
脇邊
脇邊
裡袋（背面）
1
19
〔14〕
返口
③將2片裡袋正面相對，留下返口
車縫脇邊及底部（也車縫口布脇邊）。
1
裡袋（背面）
底部
1
⑦將縫份向上朝口布側摺疊並進行車縫，翻至正面。
釦片（正面）
口布（正面）
釦片（正面）
0.5〔0.3〕
裡袋（正面）
⑥
裡袋（背面）
脇邊
10.5
〔7〕
④燙開縫份
車縫側身。
10.5
〔7〕
1
疊合底部及脇邊
⑤燙開縫份。
疊合脇邊
⑥將口布及裡袋再次正面相對，
夾入釦片並進行車縫②未車縫
的部分。
1
口布
（背面）
釦片
（正面）
摺雙
裡袋
（正面）
脇邊
（公釦）
（母釦）
以磁釦於內側疊合的方式配置，
另一側也以相同方式進行車縫
5. 縫合表袋及裡袋
口布（背面）
疊合邊緣
裡袋
（背面）
提把
（正面）
10〔6〕
1
①將表袋縫份倒向表
側身，表袋及裡
袋正面相對，夾入
提把進行車縫。
摺雙
表側身
（正面）
表袋（背面）
②翻至正面，
將返口以藏針縫（P.44）縫合。
● 完成圖
脇邊
口布（正面）
1.5
裡袋
（正面）
釦片
（正面）縫合固定釦片
車縫袋口
0.8
31.5
〔20.5〕
21
〔14〕
31.5
〔20.5〕

鏤空提把包／大・小

Photo P.21

◉ **材料** ※基本為大，〔　〕內為小。除了指定處之外則其餘相同

- 麻布（DDintex／bandiera　綠色〔咖啡色〕）…寬150cm×85cm〔寬150cm×60cm〕
- 棉麻布（TANSAN TEXTILE／YASOU 綠色〔酒紅色〕）…寬112cm×85cm〔寬112cm×60cm〕
- 棉麻布（LIBECO MOLE FABRIC 橄欖色〔繡球紅色〕）…寬135cm×20cm
- 熨燙式接著襯（中～厚）…90cm×20cm

◉ **材料memo**

棉、麻、羊毛等略厚～厚的布料。在提把使用刷毛等具有紋理的布料，就會讓接縫較不醒目，使成品具有整體感。

◉ **裁布圖**　※單位為cm　※基本尺寸為大，〔　〕內為小。除了指定處之外其餘相同
※已含縫份　※直接於布料上畫線裁剪

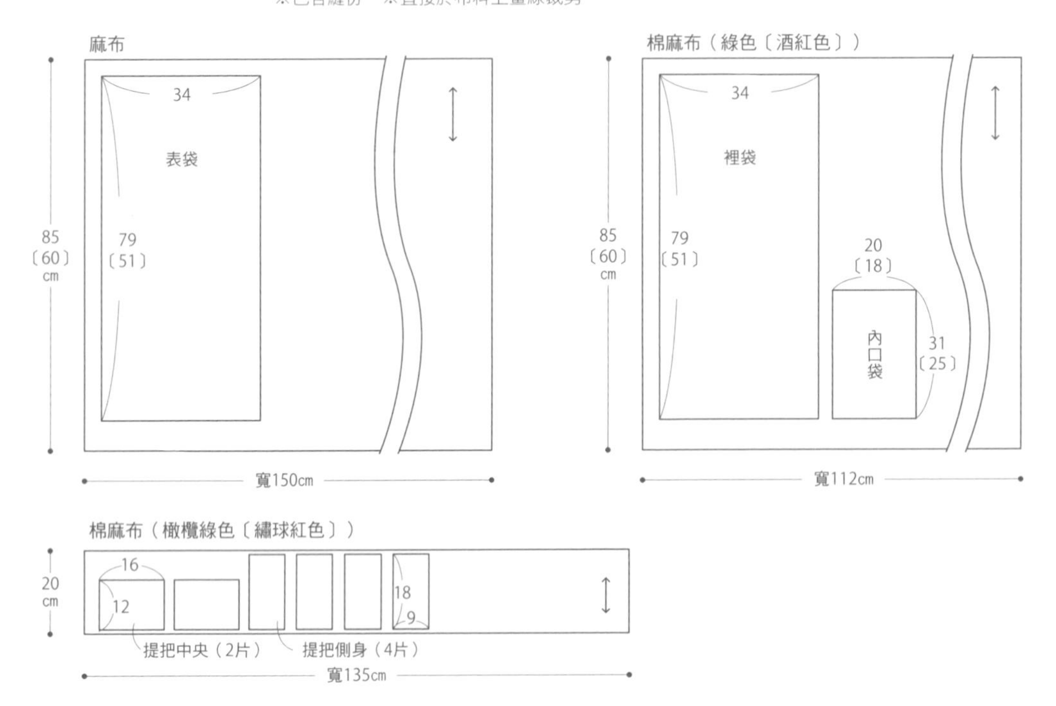

麻布
34
表袋
79〔51〕
85〔60〕cm
寬150cm
棉麻布（綠色〔酒紅色〕）
34
裡袋
79〔51〕
85〔60〕cm
20〔18〕
內口袋
31〔25〕
寬112cm
棉麻布（橄欖綠色〔繡球紅色〕）
20cm
16
12
18
9
提把中央（2片）
提把側身（4片）
寬135cm

◉ **作法**　※單位為cm　※基本尺寸為大，〔　〕內為小。除了指定處之外其餘相同

1. 製作提把

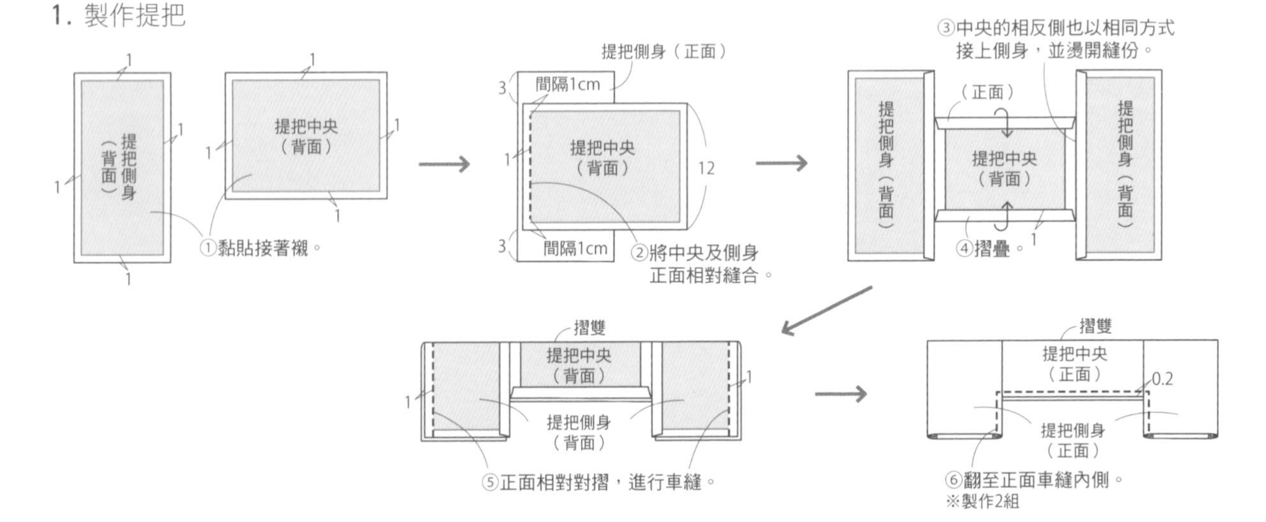

提把側身（背面）
提把中央（背面）
①黏貼接著襯。
提把側身（正面）
間隔1cm
提把中央（背面）
12
間隔1cm
②將中央及側身正面相對縫合。
③中央的相反側也以相同方式接上側身，並燙開縫份。
（正面）
提把側身（背面）
提把中央（背面）
提把側身（背面）
④摺疊。
摺雙
提把中央（背面）
提把側身（背面）
⑤正面相對對摺，進行車縫。
摺雙
提把中央（正面）
0.2
提把側身（正面）
⑥翻至正面車縫內側。
※製作2組

2. 製作內口袋，並接合於裡袋

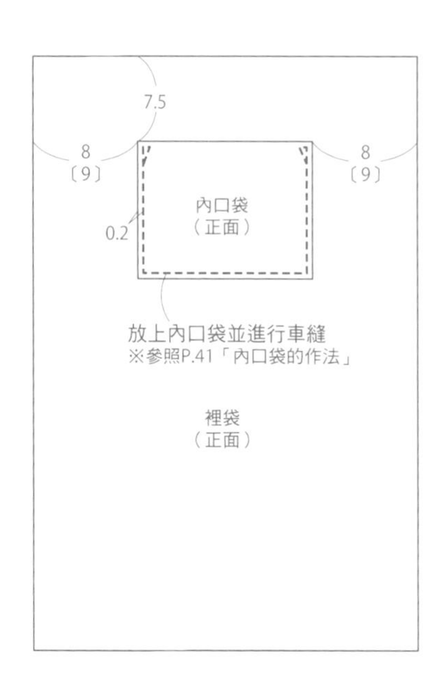
7.5
8
〔9〕
8
〔9〕
內口袋
（正面）
0.2
放上內口袋並進行車縫
※參照P.41「內口袋的作法」
裡袋
（正面）

3. 縫合表袋及裡袋

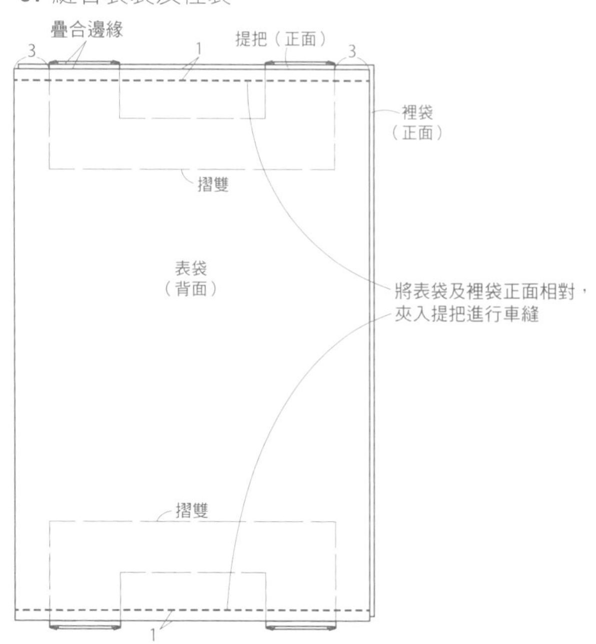
疊合邊緣
3
1
提把（正面）
3
裡袋
（正面）
摺雙
表袋
（背面）
將表袋及裡袋正面相對，
夾入提把進行車縫
摺雙
1

4. 車縫兩脇邊

5. 摺疊底側進行車縫

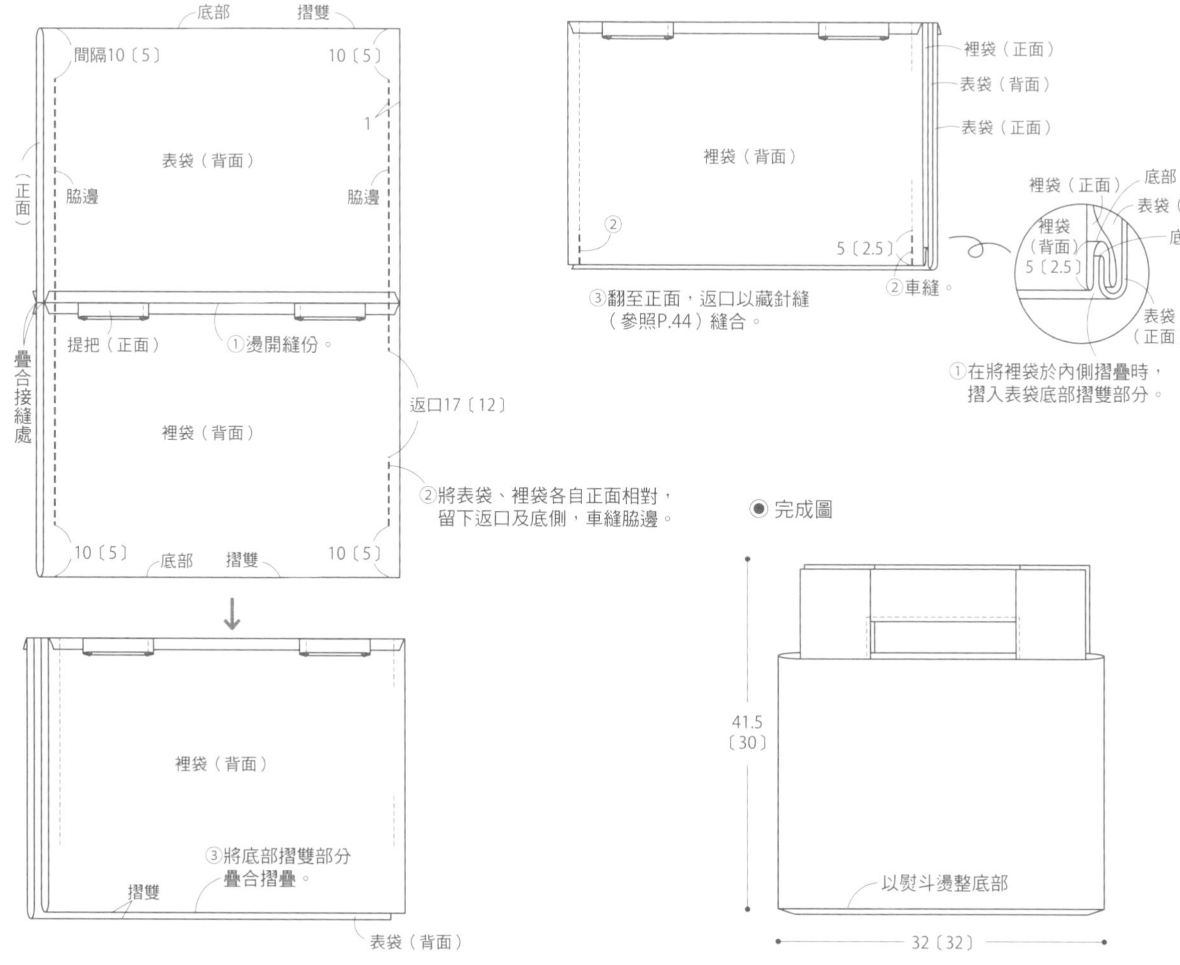
底部
摺雙
間隔10〔5〕
10〔5〕
1
表袋（背面）
（正面）
脇邊
脇邊
疊合接縫處
提把（正面）
①燙開縫份。
返口17〔12〕
裡袋（背面）
②將表袋、裡袋各自正面相對，
留下返口及底側，車縫脇邊。
10〔5〕
底部
摺雙
10〔5〕
裡袋（背面）
③將底部摺雙部分
疊合摺疊。
摺雙
表袋（背面）
裡袋（正面）
表袋（背面）
表袋（正面）
裡袋（背面）
②
5〔2.5〕
②車縫。
③翻至正面，返口以藏針縫
（參照P.44）縫合。
裡袋（正面）
底部
表袋（背面）
裡袋
（背面）
底部
5〔2.5〕
表袋
（正面）
①在將裡袋於內側摺疊時，
摺入表袋底部摺雙部分。

◉ 完成圖

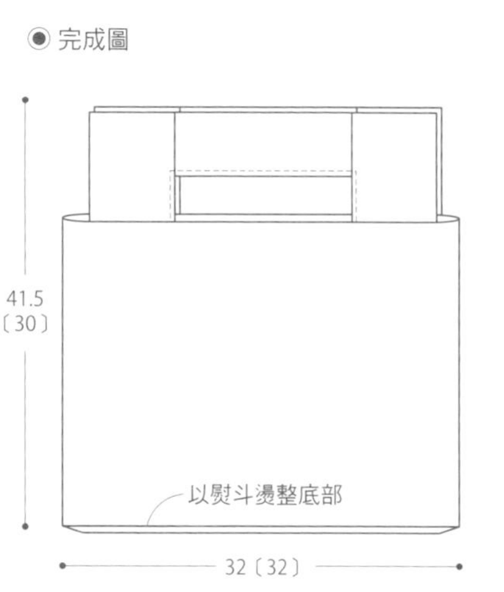
41.5
〔30〕
以熨斗燙整底部
32〔32〕

翻蓋手提包

Photo P.22

◉ 材料

・羊毛混紡布（wool pop craters　紫色）…寬135cm×60cm
・羊毛布（紅色系格紋布）…寬135cm×30cm
・尼龍牛津布（黑色）…寬117cm×50cm
・熨燙式接著襯（中～厚）…90cm×50cm
・直徑1.5 cm的磁釦…1組

◉ 材料memo

棉、麻、羊毛略厚～厚的布料。想要作得較硬挺，故將表袋搭配上了較硬的芯材或針扎棉、鋪棉等材料。

◉ 原寸紙型

B面【3】〈1～4〉
1-表袋　2-裡袋　3-表側身
4-袋蓋外布・袋蓋內布

◉ 裁布圖　※單位為cm　※在▭黏貼熨燙式接著襯　※已含縫份
※口布、釦片、提把、內口袋直接於布料上畫線裁剪

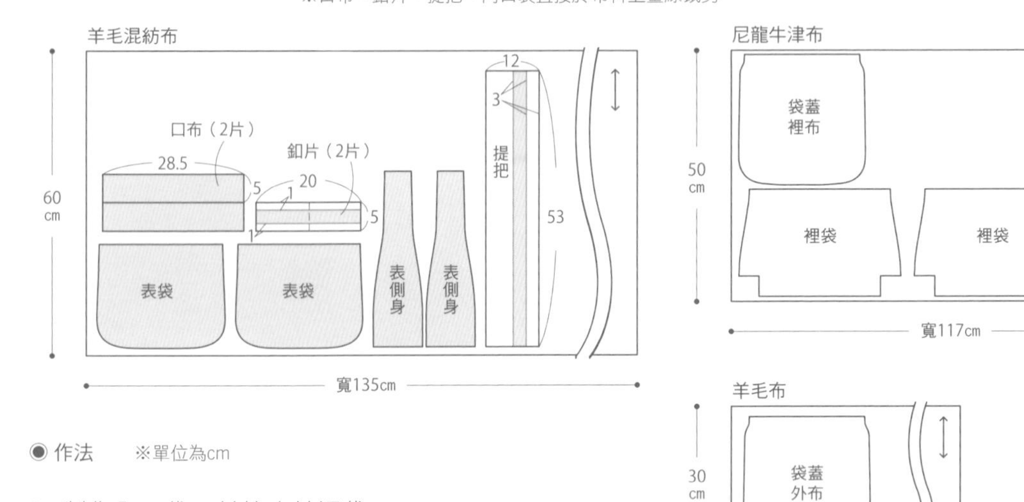

羊毛混紡布
口布（2片）
28.5
5
釦片（2片）
20
1
5
1
12
3
提把
53
60 cm
表袋
表袋
表側身
表側身
寬135cm
尼龍牛津布
袋蓋裡布
50 cm
18
25
內口袋
裡袋
裡袋
寬117cm
羊毛布
30 cm
袋蓋外布
寬135cm

◉ 作法　※單位為cm

1. 製作內口袋，並接合於裡袋

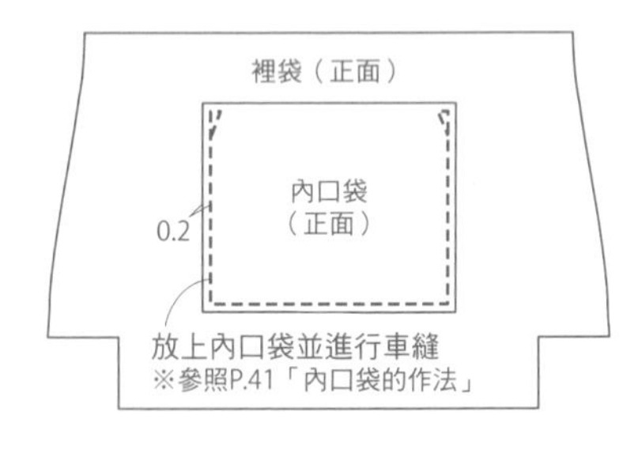

裡袋（正面）
內口袋（正面）
0.2
放上內口袋並進行車縫
※參照P.41「內口袋的作法」

2. 製作提把

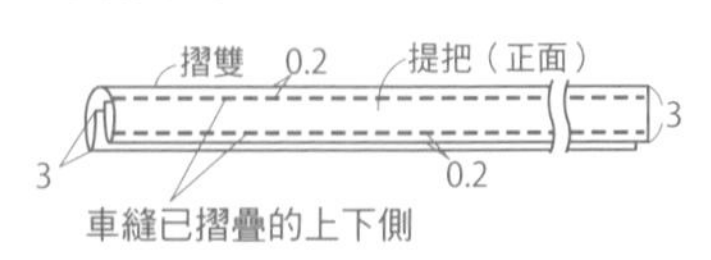

摺雙
0.2
提把（正面）
3
3
0.2
車縫已摺疊的上下側

3. 製作釦片

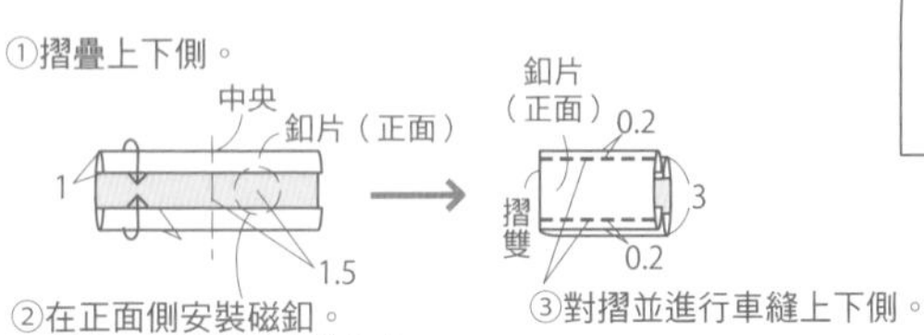

①摺疊上下側。
中央
釦片（正面）
1
1.5
②在正面側安裝磁釦。
※參照P.44「磁釦的安裝方式」
釦片（正面）
0.2
3
摺雙
0.2
③對摺並進行車縫上下側。

4. 於表側身接合提把

5. 縫合表側身底部

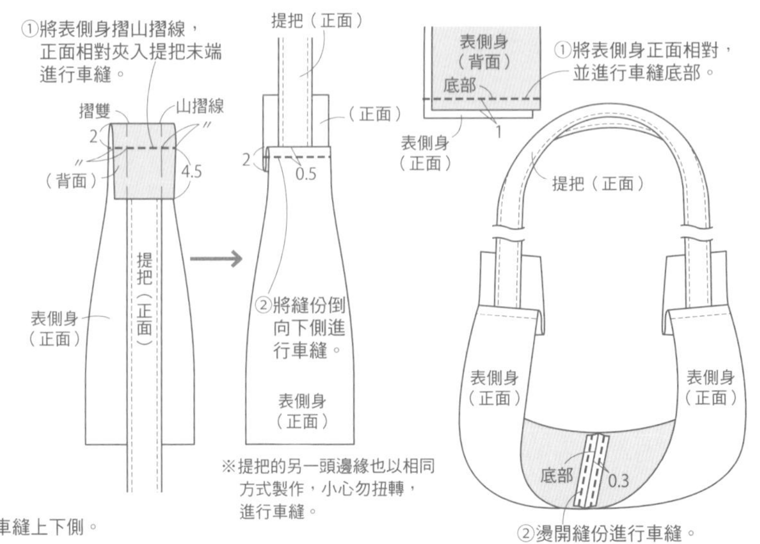

①將表側身摺山摺線，正面相對夾入提把末端進行車縫。
摺雙
山摺線
2
（背面）
4.5
提把（正面）
表側身（正面）
提把（正面）
（正面）
2
0.5
②將縫份倒向下側進行車縫。
表側身（正面）
※提把的另一頭邊緣也以相同方式製作，小心勿扭轉，進行車縫。
表側身（背面）
底部
①將表側身正面相對，並進行車縫底部。
表側身（正面）
1
提把（正面）
表側身（正面）
表側身（正面）
底部
0.3
②燙開縫份進行車縫。

6. 製作袋蓋，接合於表袋

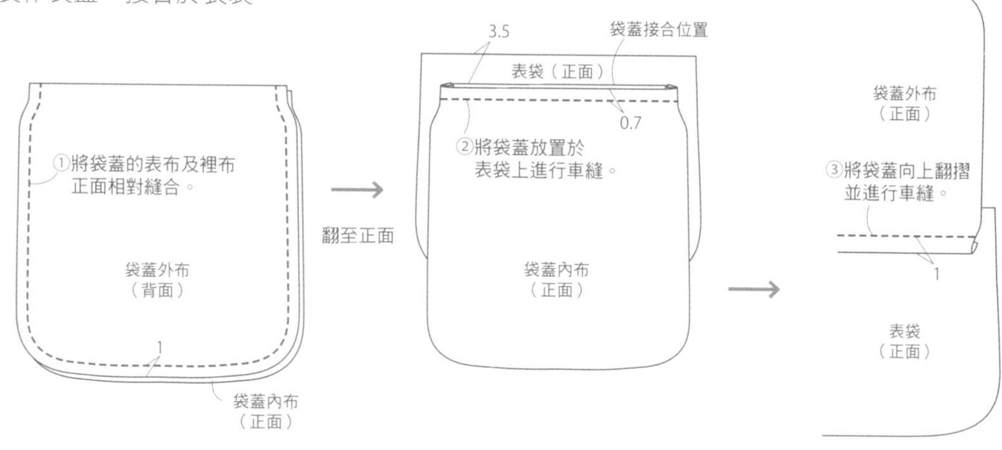

①將袋蓋的表布及裡布
正面相對縫合。
袋蓋外布
（背面）
1
袋蓋內布
（正面）
翻至正面
3.5
袋蓋接合位置
表袋（正面）
0.7
②將袋蓋放置於
表袋上進行車縫。
袋蓋內布
（正面）
袋蓋外布
（正面）
③將袋蓋向上翻摺
並進行車縫。
1
表袋
（正面）

7. 縫合表袋及表側身

8. 縫合口布及裡袋

9. 縫合表袋及裡袋

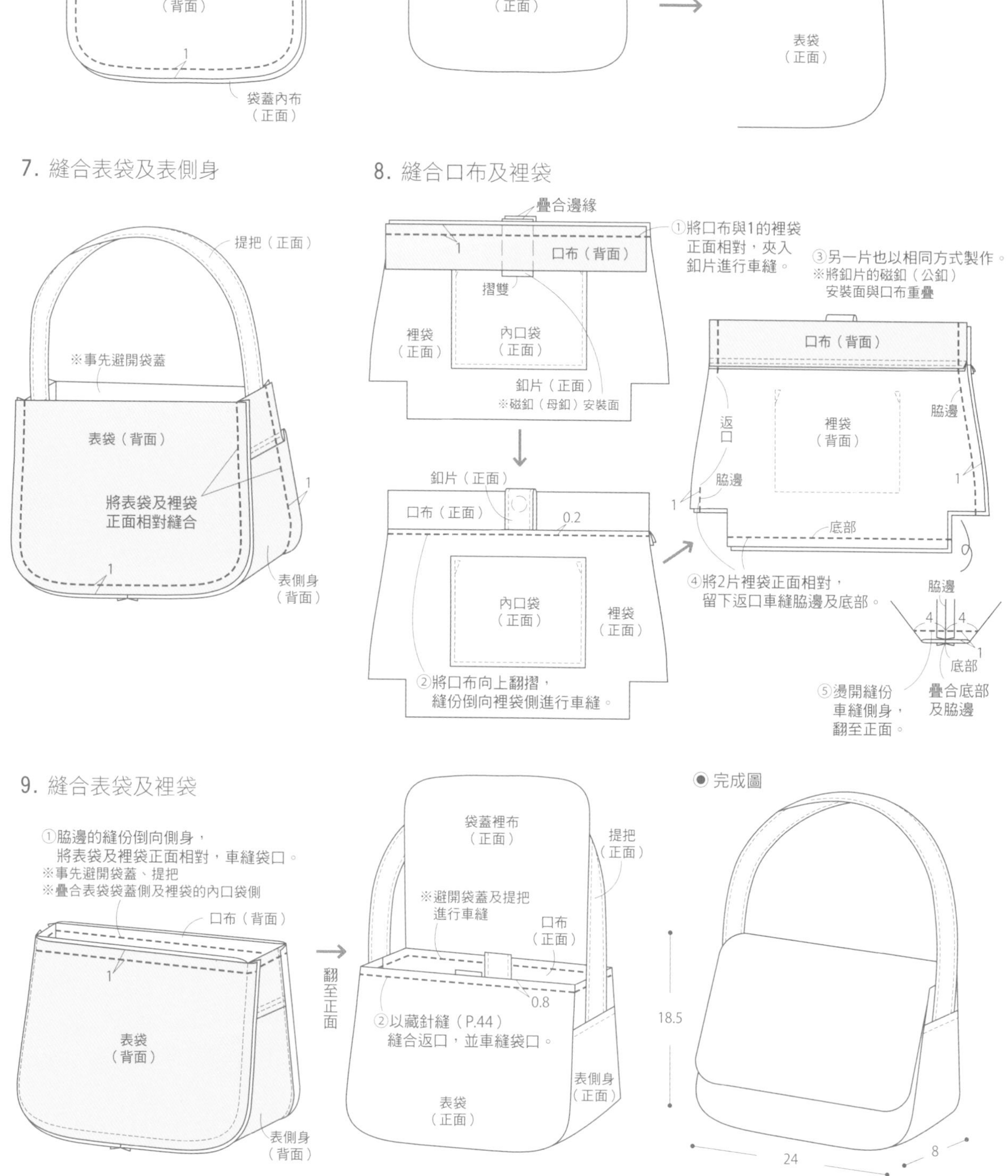

提把（正面）
※事先避開袋蓋
表袋（背面）
將表袋及裡袋
正面相對縫合
1
1
表側身
（背面）
疊合邊緣
①將口布與1的裡袋
正面相對，夾入
釦片進行車縫。
1
口布（背面）
摺雙
裡袋
（正面）
內口袋
（正面）
釦片（正面）
※磁釦（母釦）安裝面
釦片（正面）
口布（正面）
0.2
內口袋
（正面）
裡袋
（正面）
②將口布向上翻摺，
縫份倒向裡袋側進行車縫。
③另一片也以相同方式製作。
※將釦片的磁釦（公釦）
安裝面與口布重疊
口布（背面）
返口
脇邊
裡袋
（背面）
脇邊
1
1
底部
④將2片裡袋正面相對，
留下返口車縫脇邊及底部。
脇邊
4
4
1
底部
⑤燙開縫份
車縫側身，
翻至正面。
疊合底部
及脇邊
①脇邊的縫份倒向側身，
將表袋及裡袋正面相對，車縫袋口。
※事先避開袋蓋、提把
※疊合表袋袋蓋側及裡袋的內口袋側
口布（背面）
1
表袋
（背面）
表側身
（背面）
翻至正面
袋蓋裡布
（正面）
提把
（正面）
※避開袋蓋及提把
進行車縫
口布
（正面）
0.8
②以藏針縫（P.44）
縫合返口，並車縫袋口。
表側身
（正面）
表袋
（正面）
完成圖
18.5
24
8

口袋尼龍托特包

Photo P.23

◉ 材料

・尼龍牛津布（橘色）…寬117cm×80cm
・尼龍牛津布（灰色）…寬117cm×80cm
・直徑1.3cm的塑膠按釦…1組

◉ 材料memo

尼龍牛津布、尼龍塔夫綢普通～略厚的布料。由於使用熨斗無法發揮效果，因此在作摺線時使用雙面膠較好。

◉ 原寸紙型

B面【4】〈1〉
1-表側身・裡側身

◉ 裁布圖　※單位為cm　※已含縫份
※表側身及裡側身之外的裁片直接於布料上畫線裁剪

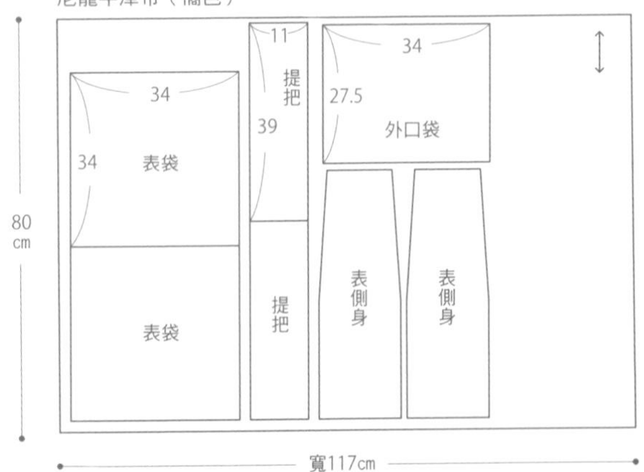

尼龍牛津布（橘色）
11
提把
34
27.5
外口袋
39
34
表袋
80
cm
表袋
提把
表側身
表側身
寬117cm

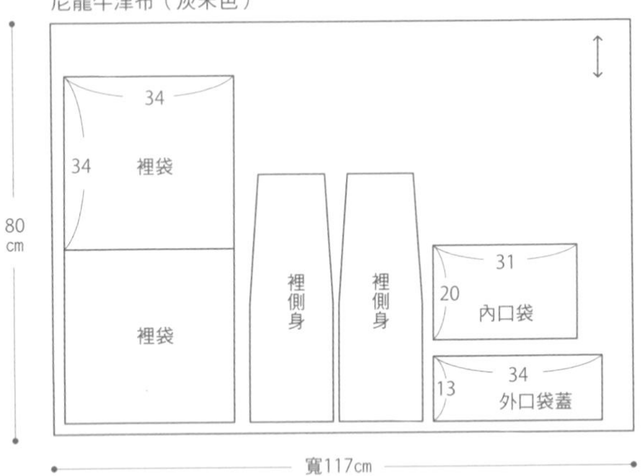

尼龍牛津布（灰米色）
34
34
裡袋
80
cm
裡袋
裡側身
裡側身
31
20
內口袋
34
13
外口袋蓋
寬117cm

◉ 作法　※單位為cm

1. 製作內口袋並接合於裡袋

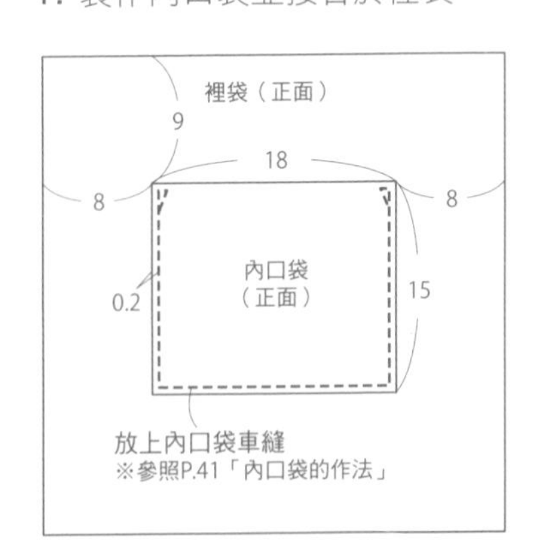

裡袋（正面）
9
18
8
8
內口袋
（正面）
0.2
15
放上內口袋車縫
※參照P.41「內口袋的作法」

2. 製作提把

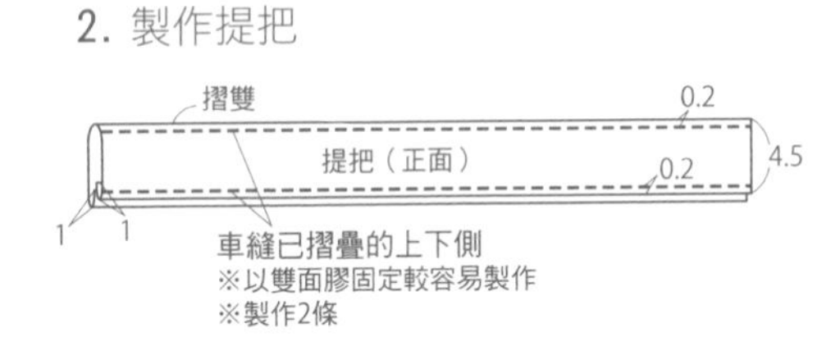

摺雙
0.2
提把（正面）
0.2
4.5
1
1
車縫已摺疊的上下側
※以雙面膠固定較容易製作
※製作2條

3. 製作外口袋及外口袋蓋

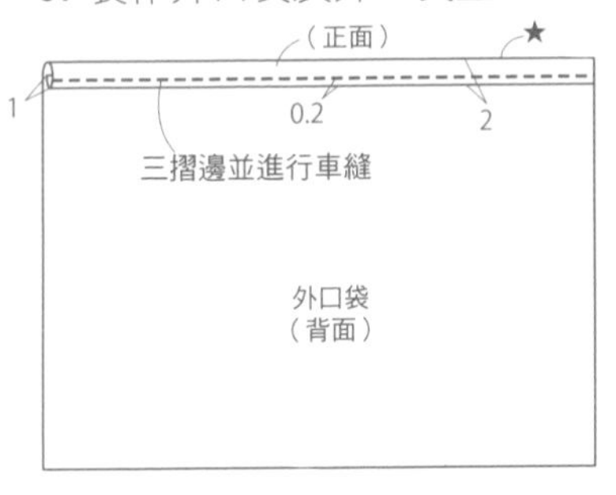

（正面）
★
1
0.2
2
三摺邊並進行車縫
外口袋
（背面）

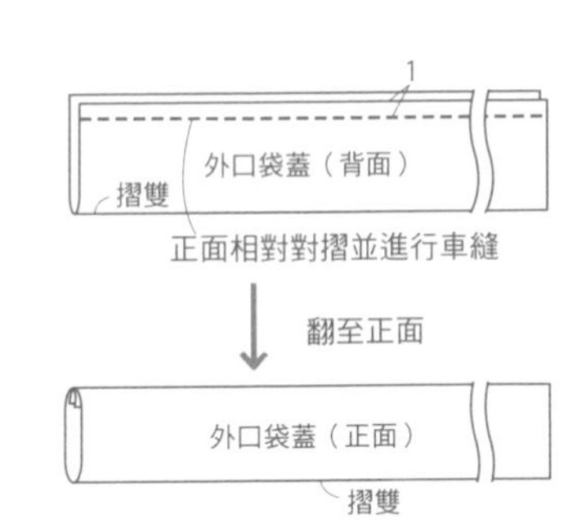

1
外口袋蓋（背面）
摺雙
正面相對對摺並進行車縫
翻至正面
外口袋蓋（正面）
摺雙

4. 縫合側身底部

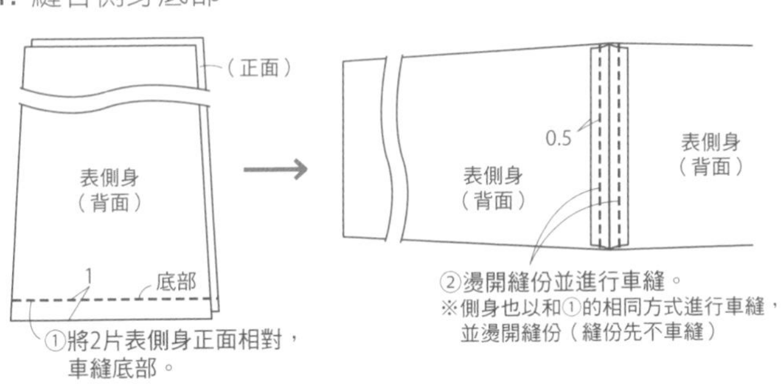

（正面）
表側身
（背面）
1
底部
①將2片表側身正面相對，
車縫底部。
0.5
表側身
（背面）
表側身
（背面）
②燙開縫份並進行車縫。
※側身也以和①的相同方式進行車縫，
並燙開縫份（縫份先不車縫）

5. 於表袋接合外口袋及外口袋蓋

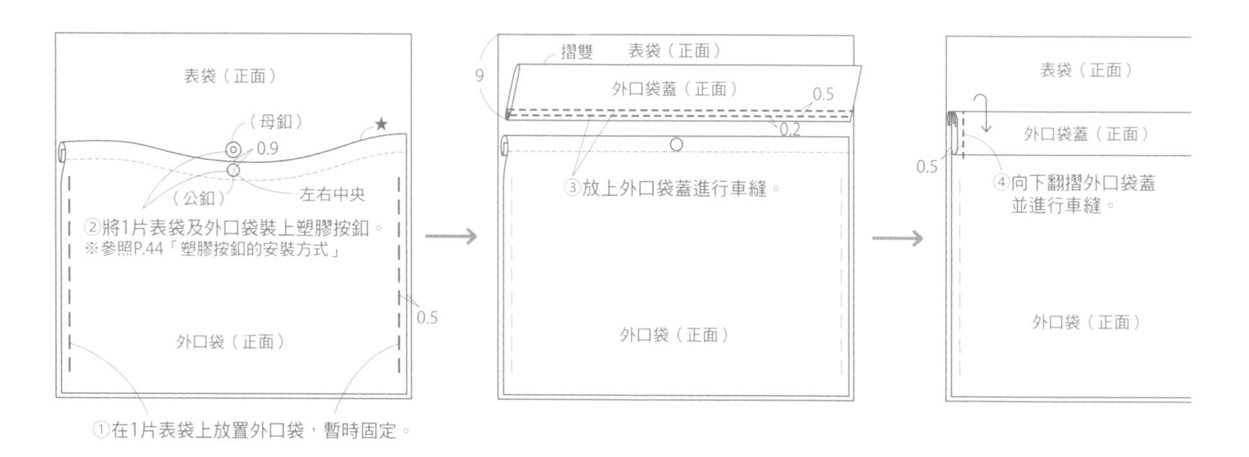
表袋（正面）
（母釦）
0.9
（公釦）
左右中央
②將1片表袋及外口袋裝上塑膠按釦。
※參照P.44「塑膠按釦的安裝方式」
0.5
外口袋（正面）
①在1片表袋上放置外口袋，暫時固定。
摺雙
表袋（正面）
9
外口袋蓋（正面）
0.5
0.2
③放上外口袋蓋進行車縫。
外口袋（正面）
表袋（正面）
外口袋蓋（正面）
0.5
④向下翻摺外口袋蓋
並進行車縫。
外口袋（正面）

6. 縫合裡袋及裡側身

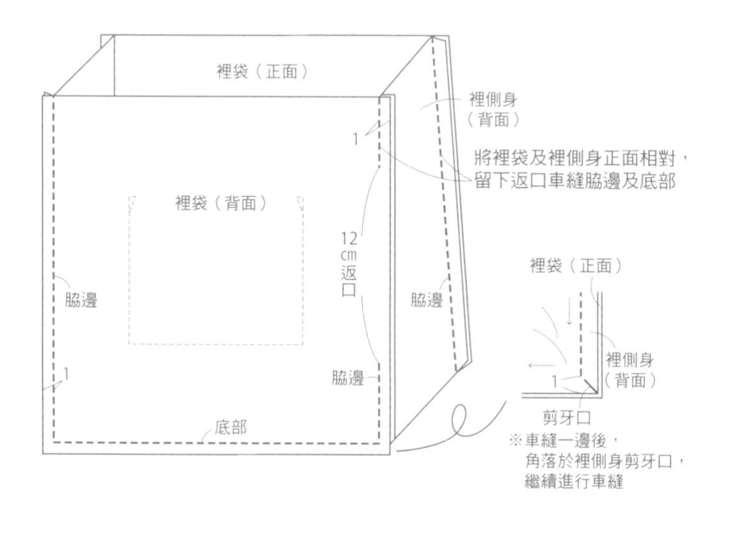
裡袋（正面）
裡側身
（背面）
1
將裡袋及裡側身正面相對，
留下返口車縫脇邊及底部
裡袋（背面）
12cm返口
脇邊
脇邊
1
脇邊
底部

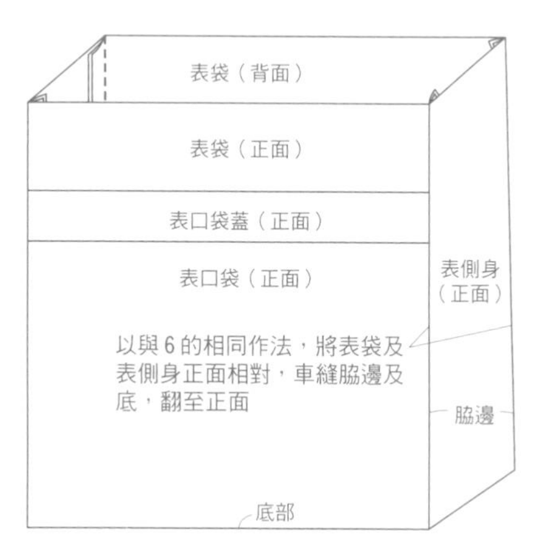
裡袋（正面）
裡側身
（背面）
1
剪牙口
※車縫一邊後，
角落於裡側身剪牙口，
繼續進行車縫

7. 縫合表袋及表側身

表袋（背面）
表袋（正面）
表口袋蓋（正面）
表口袋（正面）
表側身
（正面）
以與6的相同作法，將表袋及
表側身正面相對，車縫脇邊及
底，翻至正面
脇邊
底部

8. 縫合表袋及裡袋

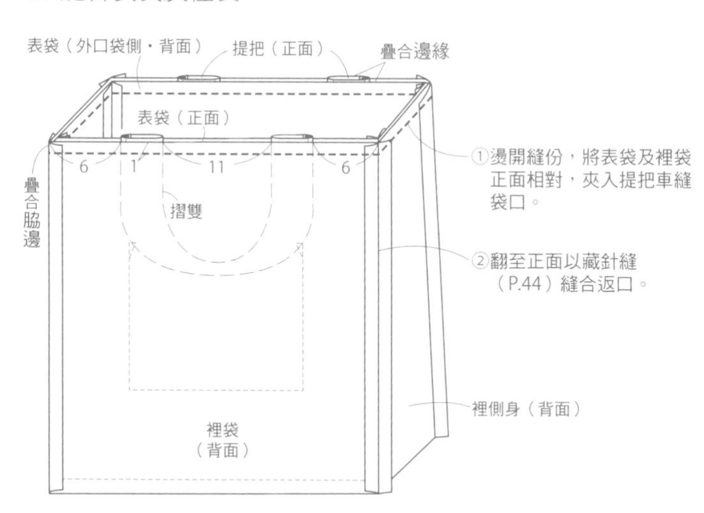
表袋（外口袋側・背面）
提把（正面）
疊合邊緣
表袋（正面）
疊合脇邊
6
1
11
6
摺雙
①燙開縫份，將表袋及裡袋
正面相對，夾入提把車縫
袋口。
②翻至正面以藏針縫
（P.44）縫合返口。
裡側身（背面）
裡袋
（背面）

◉ 完成圖

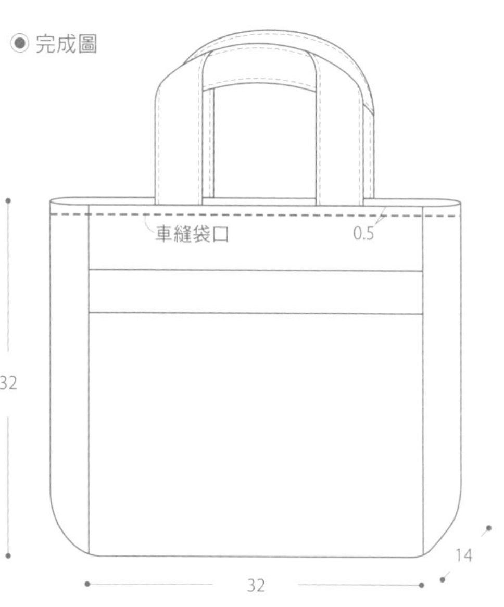
車縫袋口
0.5
32
14
32

摺蓋肩背包

Photo P.25

◉ 材料

- 木棉布（KLIPPAN／直條紋　藍色）…寬150cm×70cm
- 11號帆布（漂白）…寬90cm×85cm
- 直徑1.3cm的塑膠按釦…1組

◉ 材料memo

棉、麻等略厚～厚的布料。在表袋或裡袋其中一方使用相當於11號帆布厚度的布料，就能作出漂亮的形狀。

◉ 原寸紙型

A面【9】〈1、2〉

1-裡袋　2-表側身

◉ 裁布圖　※單位為cm　※已含縫份

※表側身、肩背帶、外口袋、內口袋直接於布料上畫線裁剪

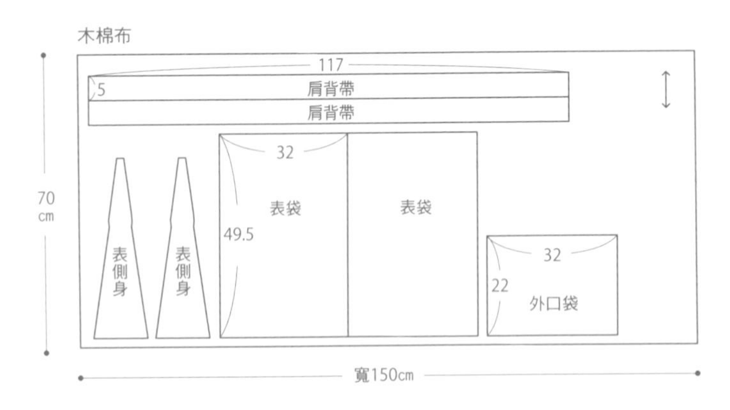

木棉布
117
5
肩背帶
肩背帶
32
表袋
表袋
49.5
70 cm
表側身
表側身
32
22
外口袋
寬150cm

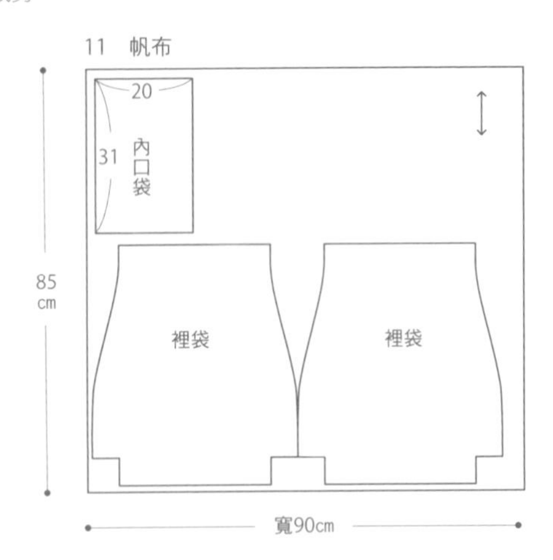

11　帆布
20
31
內口袋
85 cm
裡袋
裡袋
寬90cm

◉ 作法　※單位為cm

1. 製作內口袋，並接合於裡袋

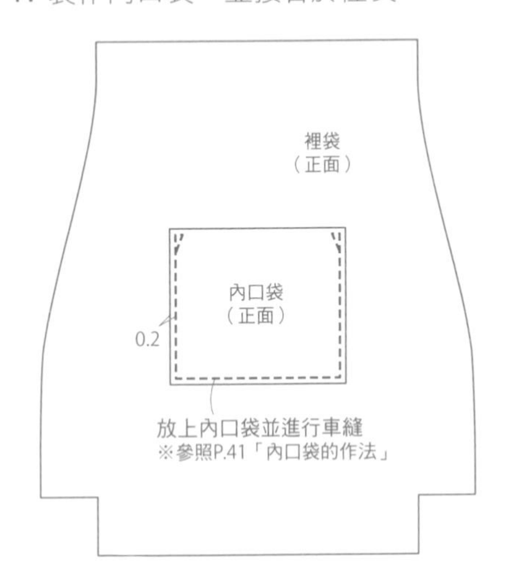

裡袋
（正面）
內口袋
（正面）
0.2
放上內口袋並進行車縫
※參照P.41「內口袋的作法」

2. 製作肩背帶

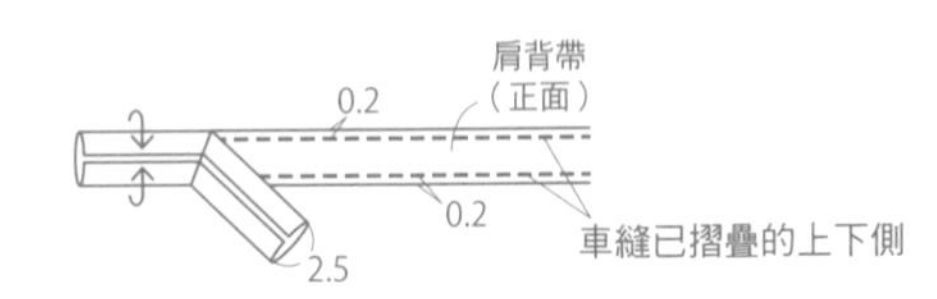

肩背帶
（正面）
0.2
0.2
2.5
車縫已摺疊的上下側

3. 於表袋接合外口袋

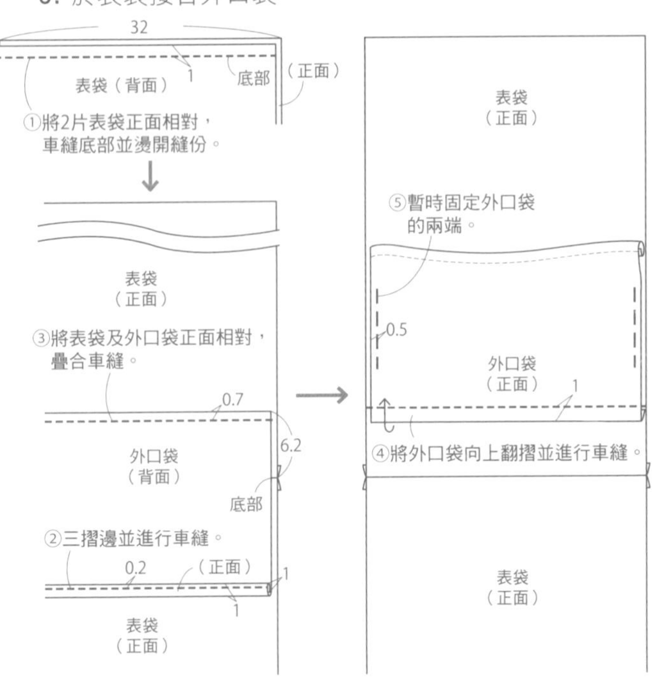

32
1
表袋（背面）
底部
（正面）
①將2片表袋正面相對，
車縫底部並燙開縫份。
表袋
（正面）
③將表袋及外口袋正面相對，
疊合車縫。
0.7
6.2
外口袋
（背面）
底部
②三摺邊並進行車縫。
0.2
（正面）
1
1
表袋
（正面）
表袋
（正面）
⑤暫時固定外口袋
的兩端。
0.5
外口袋
（正面）
1
④將外口袋向上翻摺並進行車縫。
表袋
（正面）

4. 在表側身接合肩背帶

①將表側身以山摺線
正面相對摺疊，
並夾入肩背帶的末端
進行車縫。

山摺線

1.5

（背面）

表側身（正面）

肩背帶（正面）

注意勿扭轉

（正面）

肩背帶（正面）

（正面）

0.5

0.5

②縫份倒向下側
進行車縫。

表側身（正面）

表側身（正面）

5. 縫合表袋及表側身

②將表袋疊合車縫，翻至正面。

（正面）

1

①將表袋及表側身
正面相對進行車縫。

表袋（背面）

1

1

想要將底部作得較堅固時，
在表袋的底部中央
（背面）黏貼接著襯

29

10

熨燙式接著襯（中～厚）
或SLICER襯

表側身（背面）

在角落剪牙口

疊合側身接縫處

6. 製作裡袋

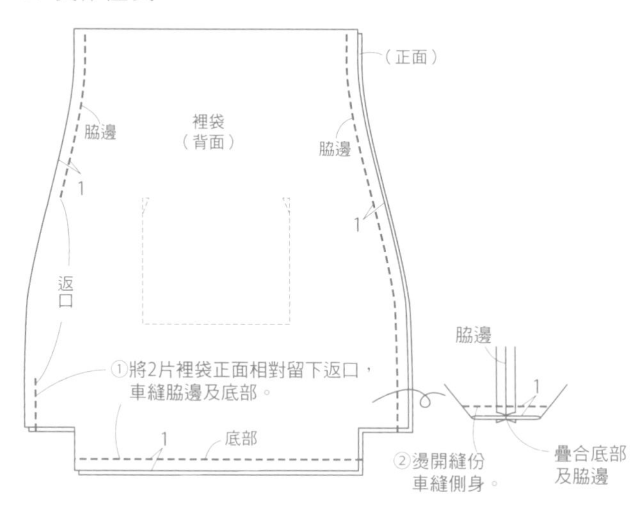

（正面）
脇邊
裡袋
（背面）
脇邊
1
1
返口
①將2片裡袋正面相對留下返口，
車縫脇邊及底部。
1
底部
脇邊
1
②燙開縫份
車縫側身。
疊合底部
及脇邊

7. 將表袋及裡袋正面相對後車縫開口

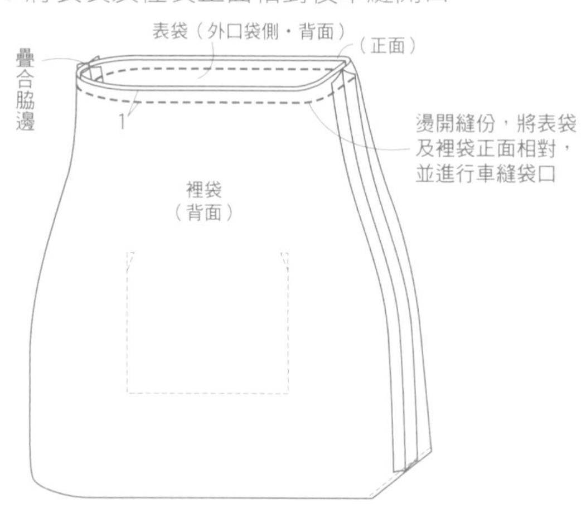

表袋（外口袋側・背面）
（正面）
疊合脇邊
1
燙開縫份，將表袋
及裡袋正面相對，
並進行車縫袋口
裡袋
（背面）

8. 車縫袋口

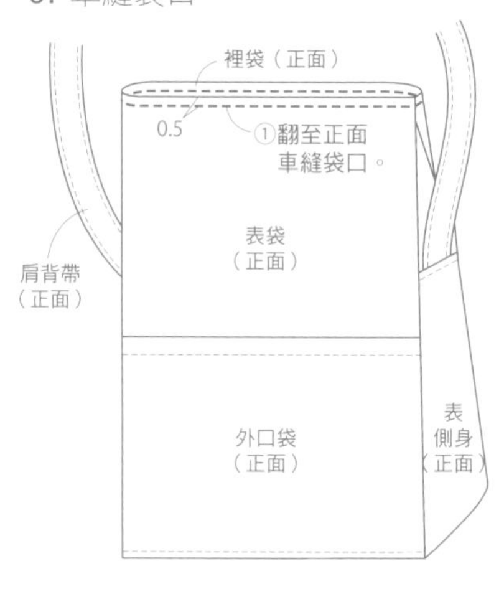

裡袋（正面）
0.5
①翻至正面
車縫袋口。
肩背帶
（正面）
表袋
（正面）
外口袋
（正面）
表
側身
（正面）

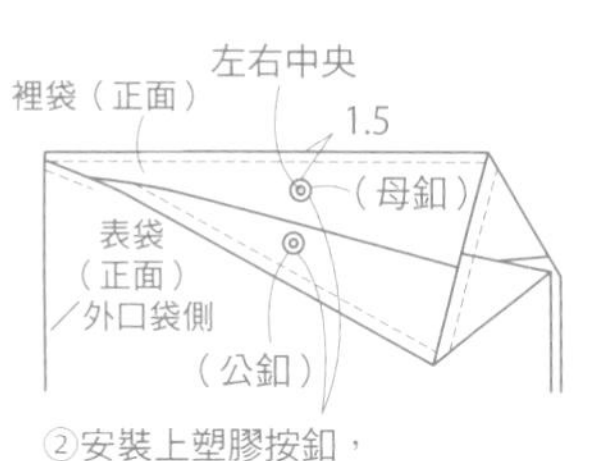

左右中央
裡袋（正面）
1.5
（母釦）
表袋
（正面）
外口袋側
（公釦）

②安裝上塑膠按釦，
以藏針縫（P.44）縫合返口。
※參照P.44「塑膠按釦的安裝方式」

◉ 完成圖

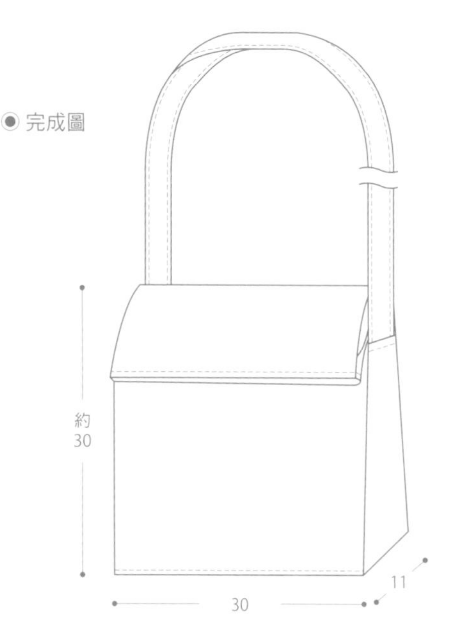

約
30
30
11

波士頓包

Photo P.28

小小波士頓包

Photo P.36

◉ 材料

波士頓包

- 棉麻布（kauniste／Potpourri　綠色）…寬147cm×70cm
- 尼龍牛津布（灰色）…寬117cm×80cm
- 長60cm的雙開塑鋼拉鍊…1條

小小波士頓包

- 麻布（DDintex／bandiera 藍色）…寬150cm×20cm
- 印花棉布（藍色系）…寬110cm×40cm
- 長30cm的塑鋼拉鍊…1條

◉ 材料memo

棉、麻、尼龍一般～略厚的布料。由於要進行袋縫，又因小款的返口較小，因此表袋不要使用太厚的布料較容易製作。

◉ 原寸紙型

〈波士頓包〉B面【6】〈1～3〉
〈小小波士頓包〉B面【10】〈1～3〉
1-表袋、2-表袋底、3-裡袋

◉ 裁布圖　※單位為cm　※已含縫份
※提把、外口袋、內口袋、吊耳直接於布料上畫線裁剪

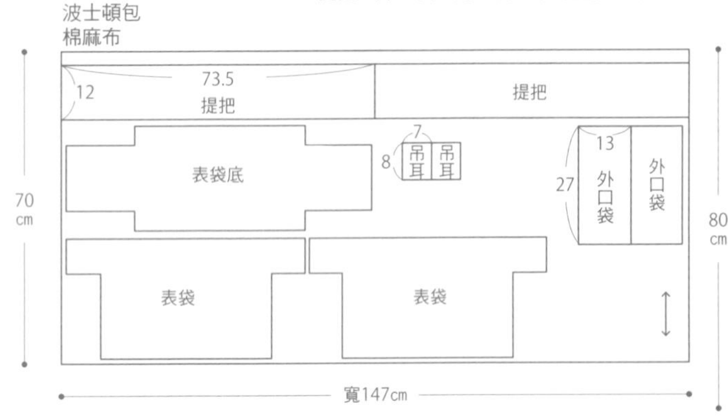

波士頓包
棉麻布
73.5
12
提把
提把
7
8
吊耳
吊耳
13
27
外口袋
外口袋
表袋底
表袋
表袋
70 cm
80 cm
寬147cm

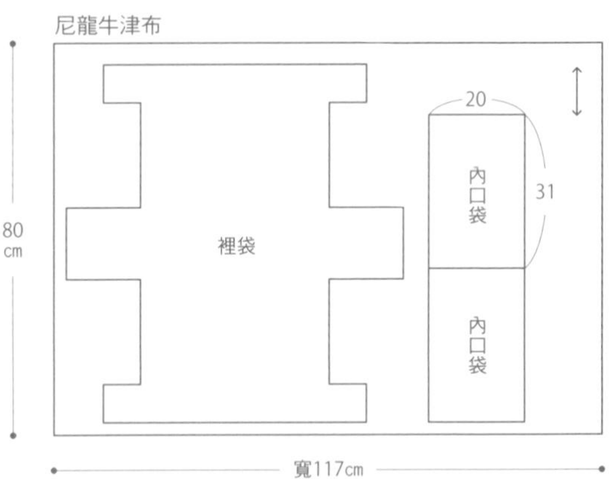

尼龍牛津布
20
內口袋
31
裡袋
內口袋
寬117cm

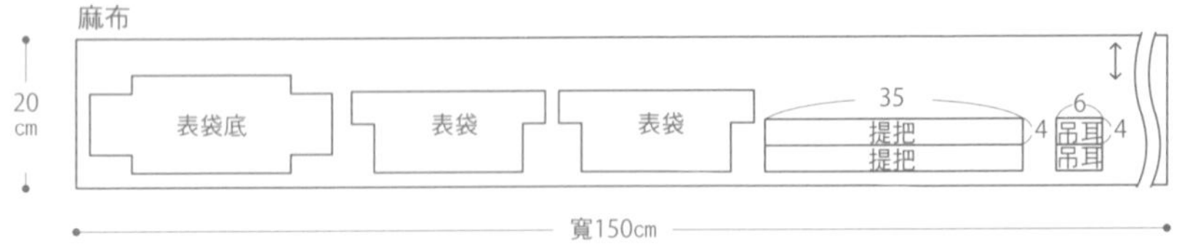

小小波士頓包
麻布
20 cm
表袋底
表袋
表袋
35
提把
提把
4
6
吊耳
吊耳
4
寬150cm
印花棉布
40 cm
裡袋
寬110cm

◉ 作法　※單位為cm
※基本尺寸為波士頓包，〔　〕內為小小波士頓包。除了指定處之外其餘相同

1. 製作內口袋，並接合於裡袋（僅波士頓包需要）

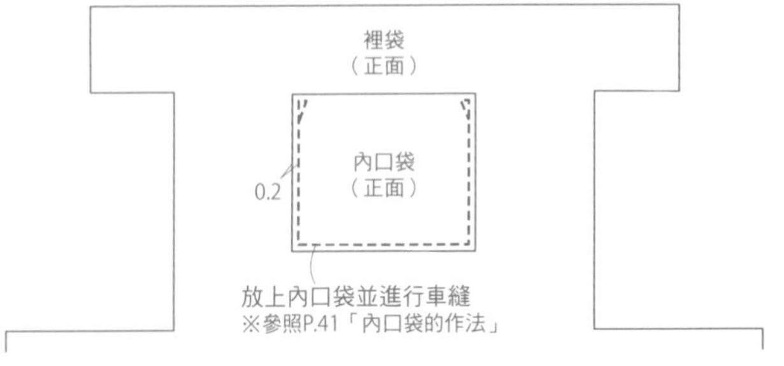

裡袋
（正面）
內口袋
（正面）
0.2
放上內口袋並進行車縫
※參照P.41「內口袋的作法」

2. 製作提把及吊耳

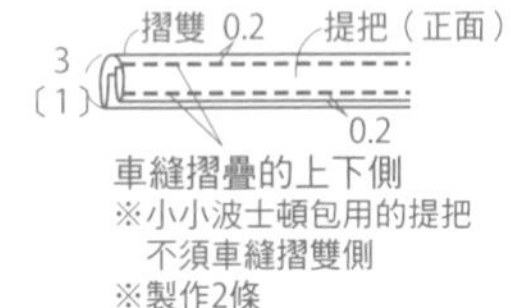

摺雙
0.2
提把（正面）
3
〔1〕
0.2
車縫摺疊的上下側
※小小波士頓包用的提把
不須車縫摺雙側
※製作2條

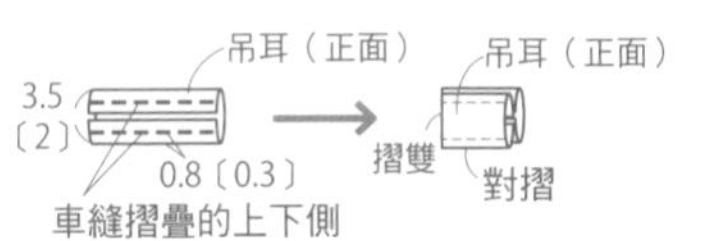

吊耳（正面）
3.5
〔2〕
0.8〔0.3〕
車縫摺疊的上下側
吊耳（正面）
摺雙
對摺

3. 於表袋放上外口袋，並接合提把

（僅波士頓包需製作外口袋）

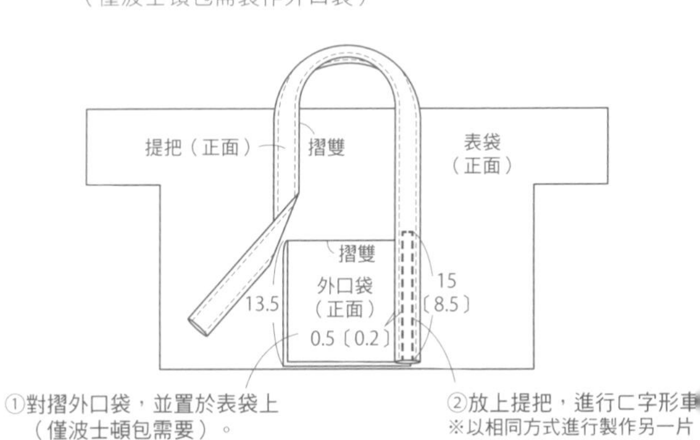

提把（正面）
摺雙
表袋
（正面）
摺雙
外口袋
（正面）
13.5
15
〔8.5〕
0.5〔0.2〕
①對摺外口袋，並置於表袋上
（僅波士頓包需要）。
②放上提把，進行ㄈ字形車
※以相同方式進行製作另一片

4. 縫合表袋及表袋底

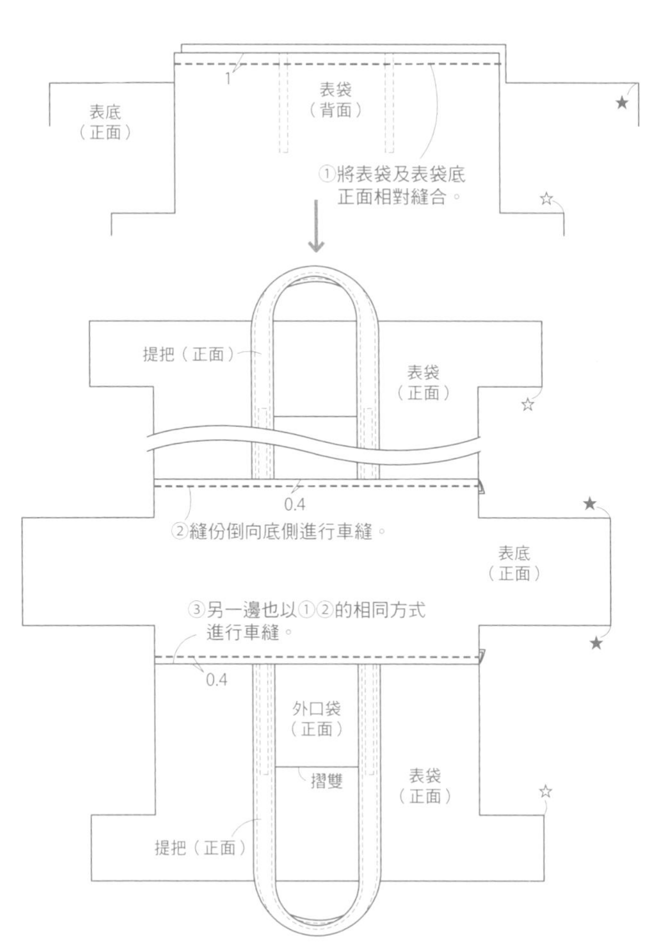

1
表底
（正面）
表袋
（背面）
①將表袋及表袋底
正面相對縫合。
提把（正面）
表袋
（正面）
0.4
②縫份倒向底側進行車縫。
表底
（正面）
③另一邊也以①②的相同方式
進行車縫。
0.4
外口袋
（正面）
摺疊
表袋
（正面）
提把（正面）

5. 接合拉鍊

※參照P.46「拉鍊接合方式」

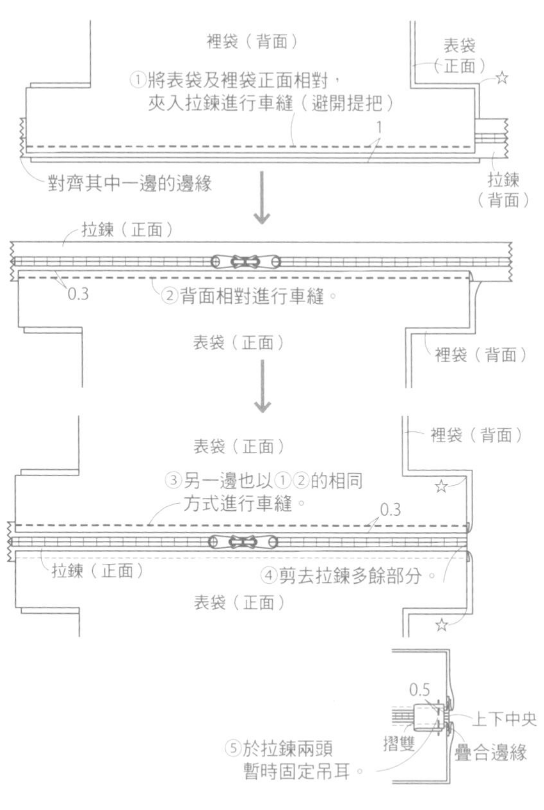

裡袋（背面）
表袋
（正面）
①將表袋及裡袋正面相對，
夾入拉鍊進行車縫（避開提把）
1
對齊其中一邊的邊緣
拉鍊
（背面）
拉鍊（正面）
0.3
②背面相對進行車縫。
表袋（正面）
裡袋（背面）
表袋（正面）
裡袋（背面）
③另一邊也以①②的相同
方式進行車縫。
0.3
拉鍊（正面）
④剪去拉鍊多餘部分。
表袋（正面）
0.5
上下中央
摺疊
疊合邊緣
⑤於拉鍊兩頭
暫時固定吊耳。

6. 縫合拉鍊邊緣及側身邊緣

7. 將側身直向部分進行袋縫

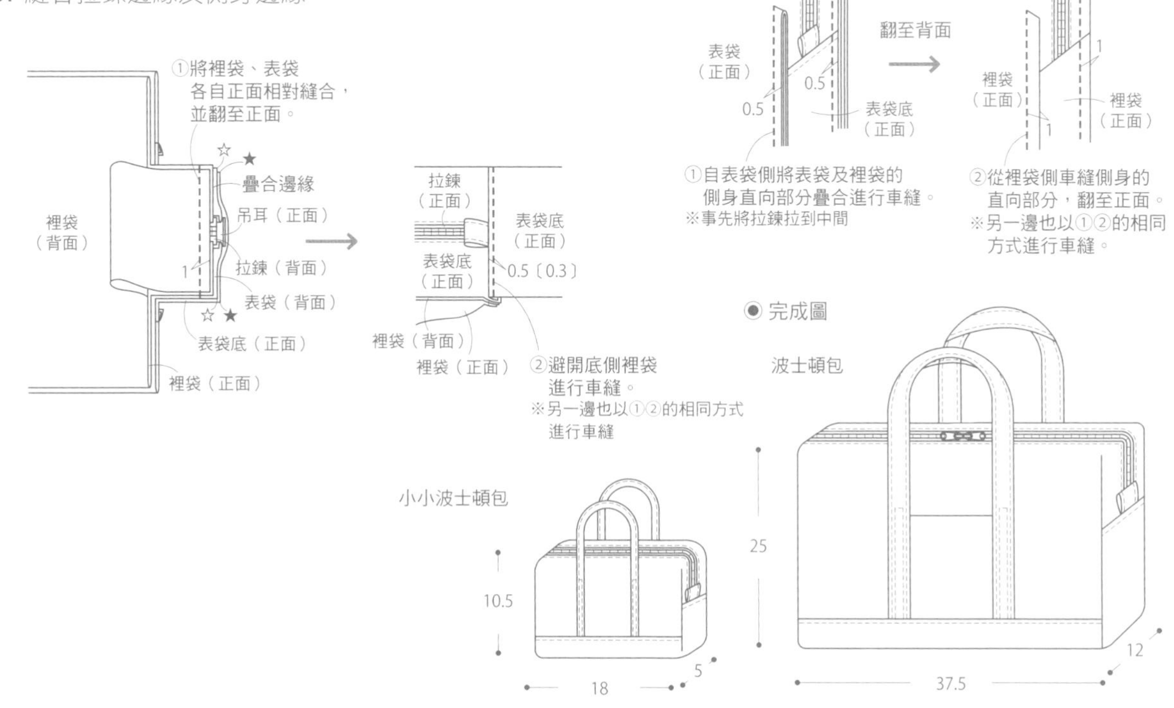

①將裡袋、表袋
各自正面相對縫合，
並翻至正面。
疊合邊緣
吊耳（正面）
裡袋
（背面）
1
拉鍊（背面）
表袋（背面）
表袋底（正面）
裡袋（正面）
拉鍊
（正面）
表袋底
（正面）
表袋底
（正面）
0.5〔0.3〕
裡袋（背面）
裡袋（正面）
②避開底側裡袋
進行車縫。
※另一邊也以①②的相同方式
進行車縫
拉鍊（正面）
拉鍊（背面）
翻至背面
表袋
（正面）
0.5
0.5
表袋底
（正面）
1
裡袋
（正面）
1
裡袋
（正面）
①自表袋側將表袋及裡袋的
側身直向部分疊合進行車縫。
※事先將拉鍊拉到中間
②從裡袋側車縫側身的
直向部分，翻至正面。
※另一邊也以①②的相同
方式進行車縫。
◉ 完成圖
波士頓包
小小波士頓包
10.5
18
5
25
37.5
12

百褶包

Photo P.26

◉ 材料

・木棉布（新印度薄棉DSG　綠色）
…寬110cm×100cm

◉ 材料memo

棉、麻等略薄～普通的布。由於具有褶襉，因此適合使用於襯衫或上衣等，容易熨燙的布料。

◉ 裁布圖　※單位為cm　※已含縫份
※直接在布料上畫線裁剪

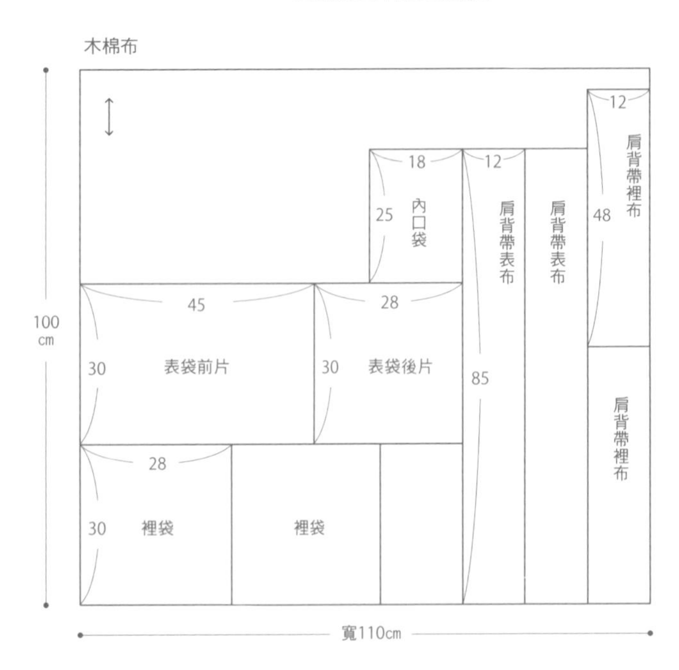

木棉布
100 cm
寬110cm
18
25
內口袋
12
肩背帶表布
肩背帶表布
12
48
肩背帶裡布
45
30
表袋前片
28
30
表袋後片
85
28
30
裡袋
裡袋
肩背帶裡布

◉ 作法　※單位為cm

1. 製作內口袋，並接合於裡袋

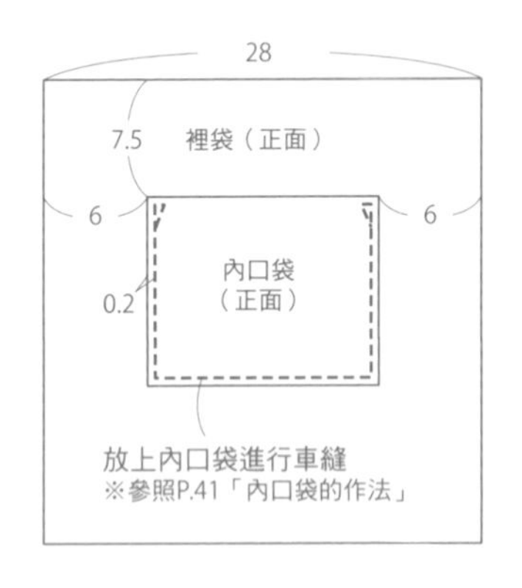

28
7.5
裡袋（正面）
6
6
內口袋（正面）
0.2
放上內口袋進行車縫
※參照P.41「內口袋的作法」

2. 於前側車縫褶襉

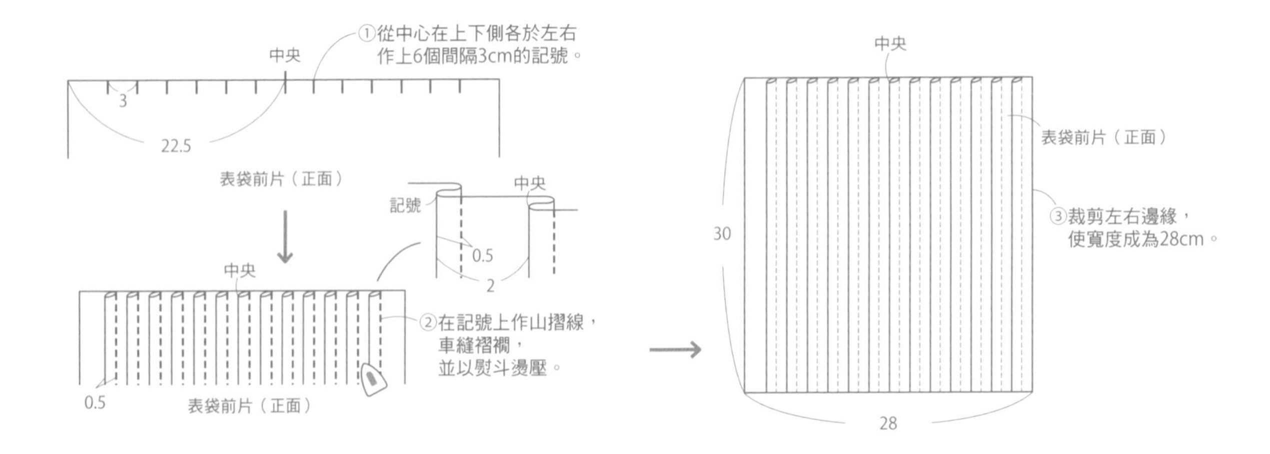

①從中心在上下側各於左右作上6個間隔3cm的記號。
中央
3
22.5
表袋前片（正面）
記號
中央
0.5
2
中央
②在記號上作山摺線，車縫褶襉，並以熨斗燙壓。
0.5
表袋前片（正面）
中央
表袋前片（正面）
30
③裁剪左右邊緣，使寬度成為28cm。
28

3. 於表袋接合肩背帶

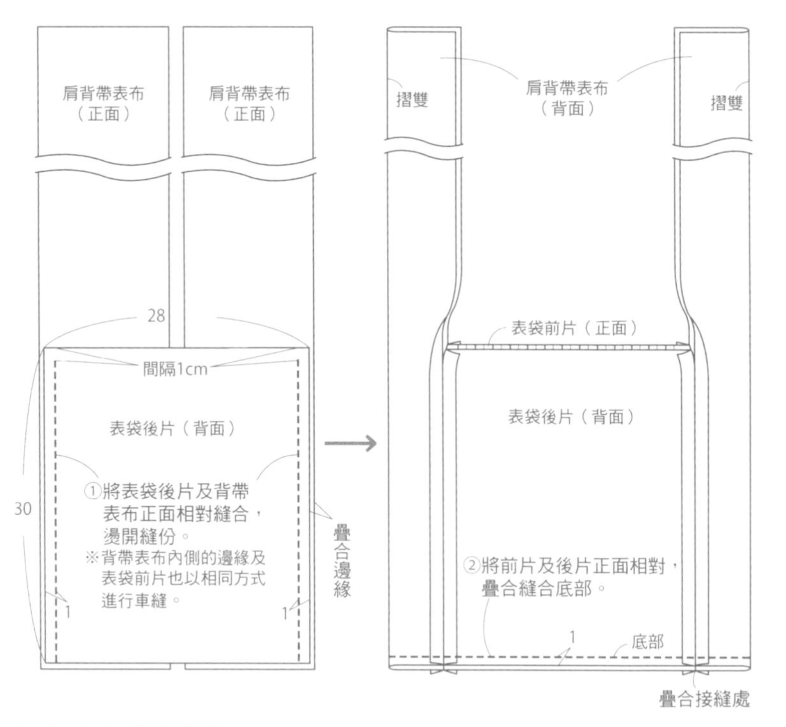

肩背帶表布
（正面）
肩背帶表布
（正面）
28
間隔1cm
表袋後片（背面）
30
①將表袋後片及背帶
表布正面相對縫合，
邊開縫份。
※背帶表布內側的邊緣及
表袋前片也以相同方式
進行車縫。
1
1
疊合邊緣
摺雙
肩背帶表布
（背面）
摺雙
表袋前片（正面）
表袋後片（背面）
②將前片及後片正面相對，
疊合縫合底部。
1
底部
疊合接縫處

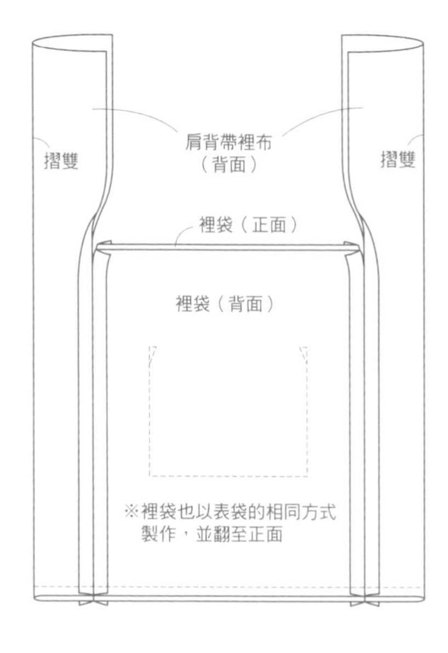

摺雙
肩背帶裡布
（背面）
摺雙
裡袋（正面）
裡袋（背面）
※裡袋也以表袋的相同方式
製作，並翻至正面

4. 縫合表袋及裡袋

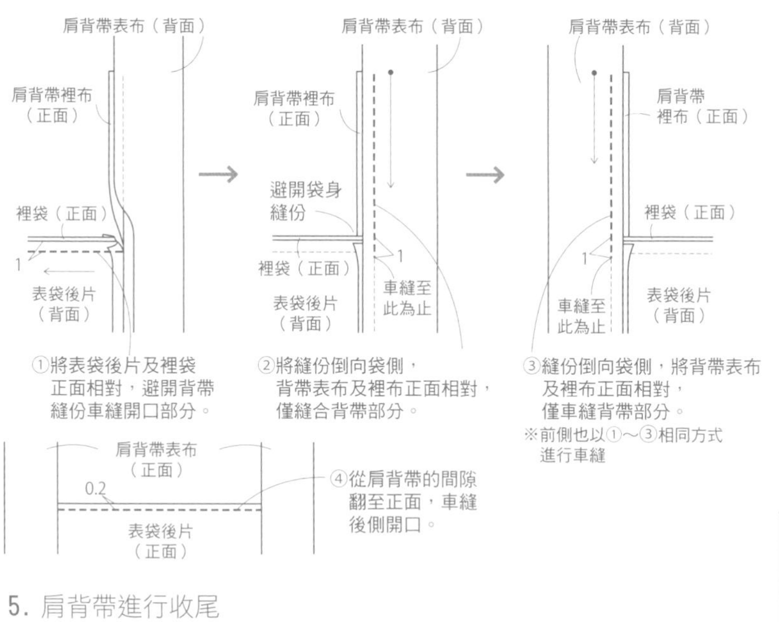

肩背帶表布（背面）
肩背帶裡布
（正面）
裡袋（正面）
1
表袋後片
（背面）
①將表袋後片及裡袋
正面相對，避開背帶
縫份車縫開口部分。
肩背帶表布（背面）
肩背帶裡布
（正面）
避開袋身
縫份
1
裡袋（正面）
表袋後片
（背面）
車縫至
此為止
②將縫份倒向袋側，
背帶表布及裡布正面相對，
僅縫合背帶部分。
肩背帶表布（背面）
肩背帶
裡布（正面）
裡袋（正面）
1
車縫至
此為止
表袋後片
（背面）
③縫份倒向袋側，將背帶表布
及裡布正面相對，
僅車縫背帶部分。
※前側也以①～③相同方式
進行車縫
肩背帶表布
（正面）
0.2
表袋後片
（正面）
④從肩背帶的間隙
翻至正面，車縫
後側開口。

◉ 完成圖

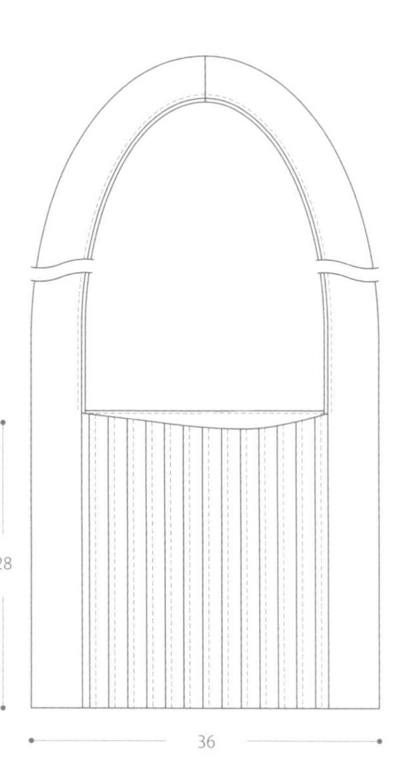

28
36

5. 肩背帶進行收尾

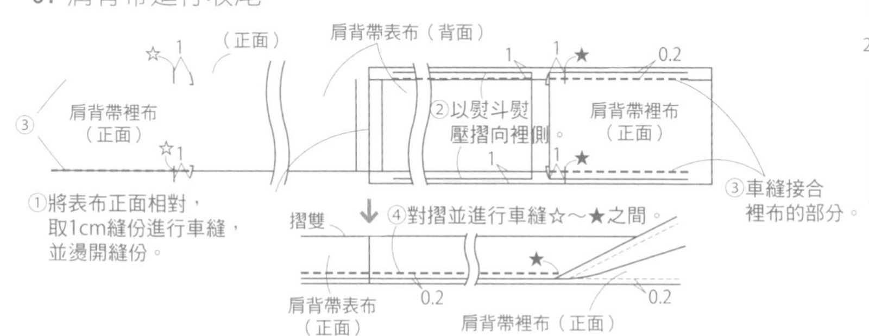

☆1
（正面）
③
肩背帶裡布
（正面）
☆1
①將表布正面相對，
取1cm縫份進行車縫，
並邊開縫份。
肩背帶表布（背面）
1
1 ★
0.2
②以熨斗熨
壓摺向裡側。
肩背帶裡布
（正面）
1 ★
1
③車縫接合
裡布的部分。
摺雙
④對摺並進行車縫☆～★之間。
★
肩背帶表布
（正面）
0.2
肩背帶裡布（正面）
0.2

細褶托特包

Photo P.27

◉ 材料

- 棉麻布（BORAS／Succulent　紫色）…寬140cm×60cm
- 尼龍牛津布（卡其色）…寬117cm×80cm
- 熨燙式接著襯（中～厚）或是SLICER襯…3.5cm×55cm 2條
- 粗2mm的蠟繩（煙燻綠色）…100cm
- 束尾釦（黑色）…1個

◉ 材料memo

棉、麻等普通～略厚的布。使用能使細褶明顯，具有挺度的布料製作，就能作得很漂亮。

◉ 裁布圖　※單位為cm　※在▨黏貼熨燙式接著襯或SLICER襯　※已含縫份　※直接於布料上畫線裁剪

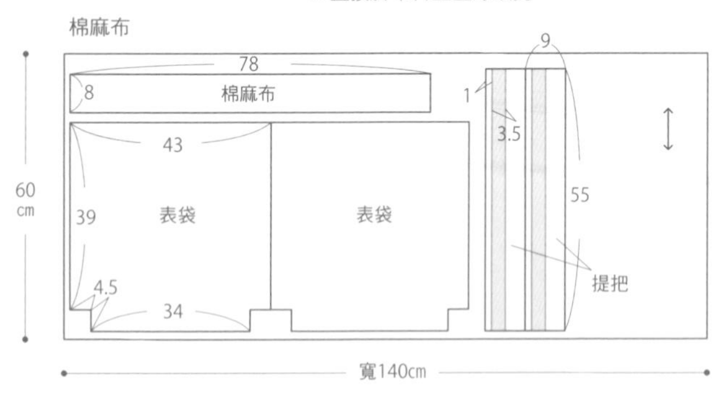

棉麻布
78
8
棉麻布
9
1
3.5
43
39
表袋
表袋
55
4.5
34
提把
60 cm
寬140cm

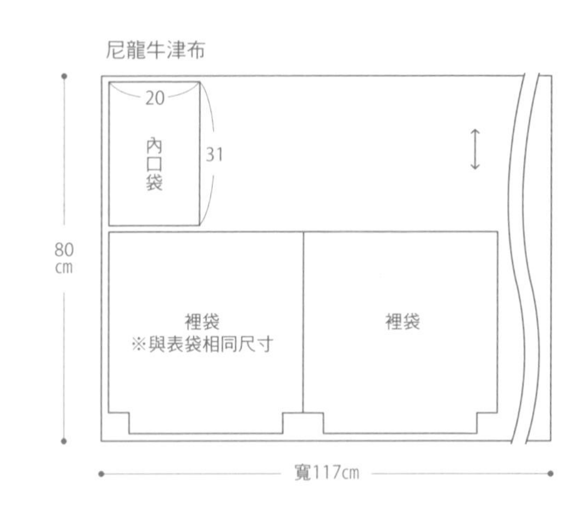

尼龍牛津布
20
內口袋
31
80 cm
裡袋
※與表袋相同尺寸
裡袋
寬117cm

◉ 作法　※單位為cm

1. 製作內口袋，並接合於裡袋

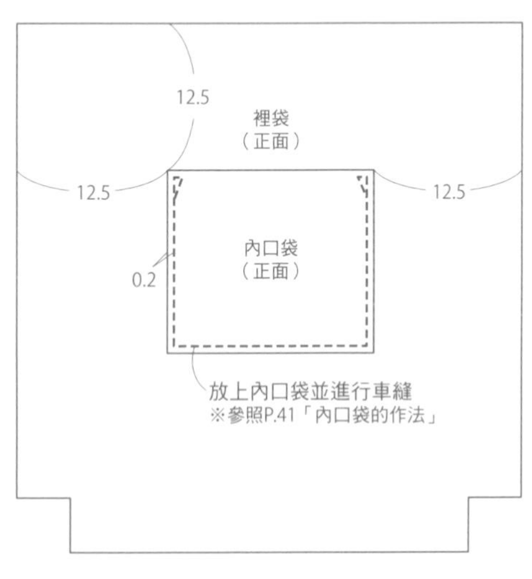

12.5
裡袋
（正面）
12.5
12.5
內口袋
（正面）
0.2
放上內口袋並進行車縫
※參照P.41「內口袋的作法」

2. 製作提把

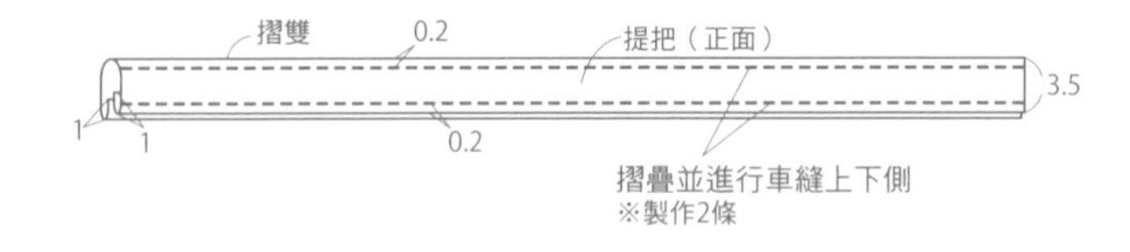

摺雙
0.2
提把（正面）
3.5
1
1
0.2
摺疊並進行車縫上下側
※製作2條

3. 於表袋開口摺疊褶襉，並接合提把

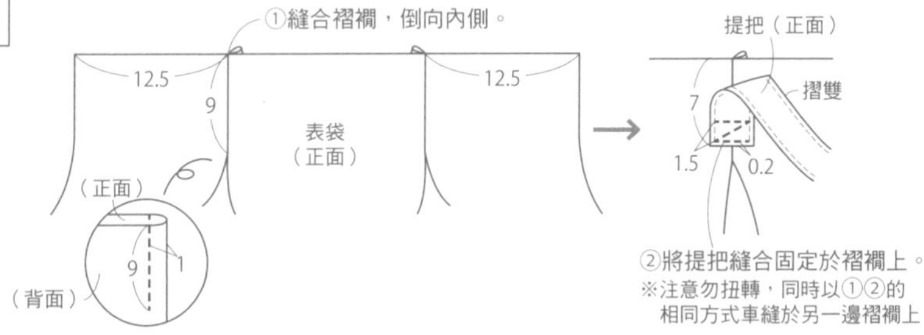

①縫合褶襉，倒向內側。
12.5
12.5
9
表袋
（正面）
（正面）
9
1
（背面）
提把（正面）
摺雙
7
1.5
0.2
②將提把縫合固定於褶襉上。
※注意勿扭轉，同時以①②的相同方式車縫於另一邊褶襉上

4. 製作表袋

5. 製作裡袋

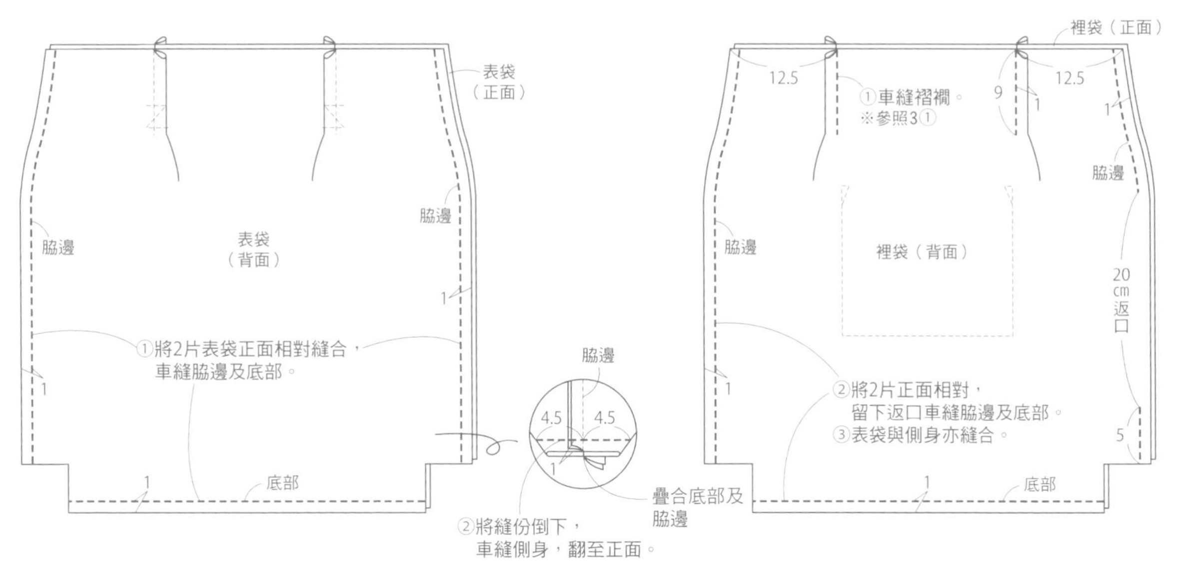

表袋
（正面）
脇邊
表袋
（背面）
脇邊
1
①將2片表袋正面相對縫合，
車縫脇邊及底部。
1
1
底部
脇邊
4.5
4.5
1
疊合底部及
脇邊
②將縫份倒下，
車縫側身，翻至正面。
裡袋（正面）
12.5
①車縫褶襉。
※參照3①
9
1
12.5
1
脇邊
脇邊
裡袋（背面）
20
cm
返
口
1
②將2片正面相對，
留下返口車縫脇邊及底部。
③表袋與側身亦縫合。
5
1
底部

6. 製作穿繩布

7. 於表袋縫合固定穿繩布

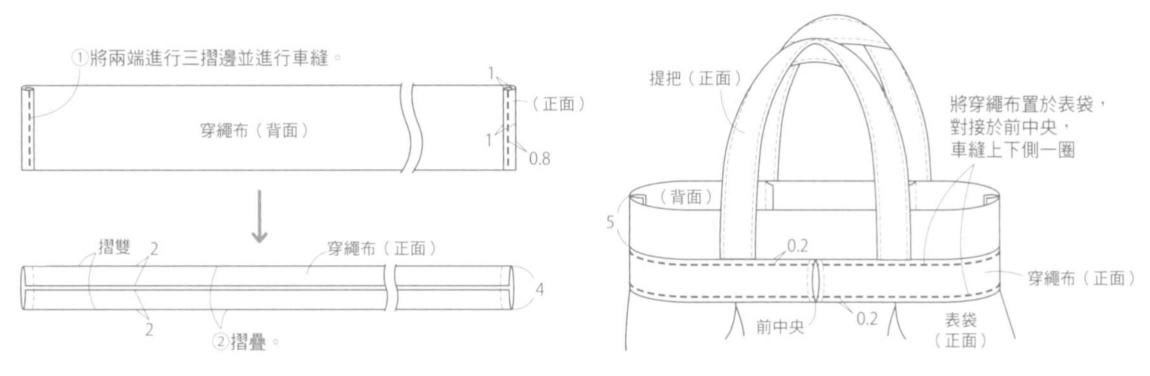

①將兩端進行三摺邊並進行車縫。
1
（正面）
穿繩布（背面）
1
0.8
摺雙
2
穿繩布（正面）
4
2
②摺疊。
提把（正面）
將穿繩布置於表袋，
對接於前中央，
車縫上下側一圈
（背面）
5
0.2
穿繩布（正面）
前中央
0.2
表袋
（正面）

8. 縫合表袋及裡袋

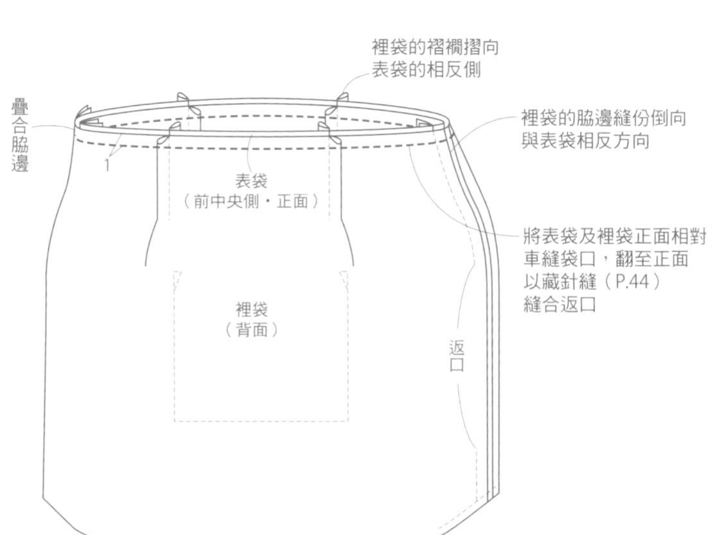

裡袋的褶襉摺向
表袋的相反側
疊合脇邊
裡袋的脇邊縫份倒向
與表袋相反方向
1
表袋
（前中央側・正面）
將表袋及裡袋正面相對
車縫袋口，翻至正面
以藏針縫（P.44）
縫合返口
裡袋
（背面）
返口

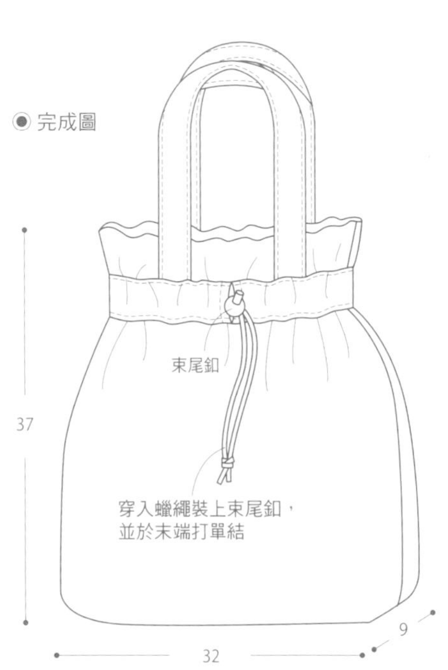

◉ 完成圖
束尾釦
37
穿入蠟繩裝上束尾釦，
並於末端打單結
9
32

圓形束口包

Photo P.38

◉ 材料

- 羊皮絨布（mouton sheep boa　棕色混色）…寬130cm×30cm
- 尼龍牛津布（卡其色）…寬117cm×60cm
- 粗2mm的蠟繩（煙燻綠色）…75cm×2條
- 合皮皮（焦茶色）…直徑1.2cm圓形2片

◉ 材料memo

建議使用人造皮草、羊毛等毛布製作。束口穿繩布及裡袋則使用尼龍、棉或麻製作。

◉ 原寸紙型

A面【12】〈1、2〉

1-表袋　2-表袋底

◉ 裁布圖　※單位為cm　※已含縫份

※裡袋、內口袋、束口穿繩布、提把直接於布料上畫線裁剪

羊皮絨布

30cm

表袋　表袋　外底

寬130cm

尼龍牛津布

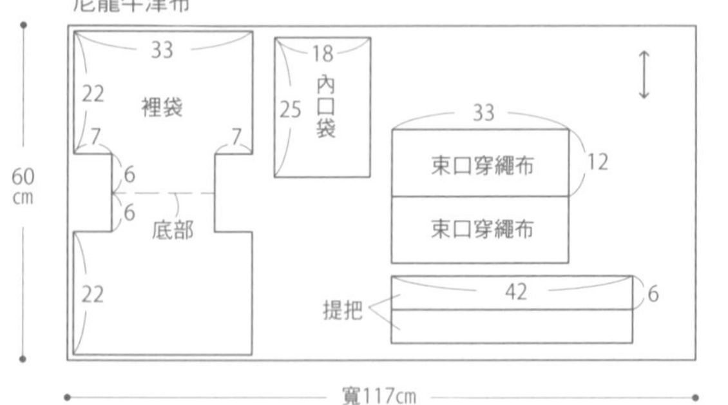

60
cm
33
22
裡袋
7
7
6
6
底部
22
18
25
內口袋
33
束口穿繩布
12
束口穿繩布
提把
42
6
寬117cm

◉ 作法　※單位為cm

1. 製作內口袋，並接合於裡袋

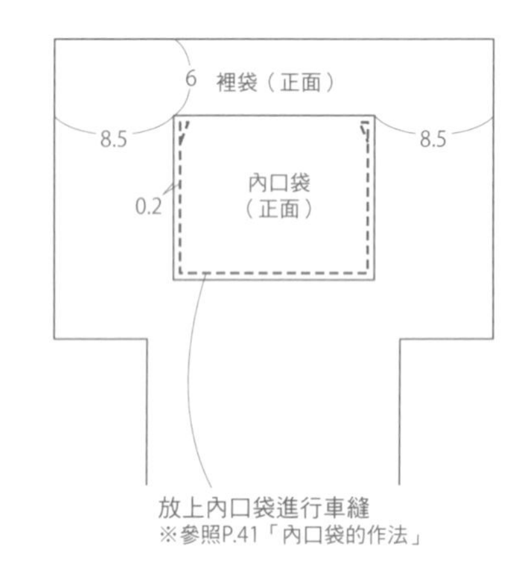

6
裡袋（正面）
8.5
8.5
內口袋
（正面）
0.2
放上內口袋進行車縫
※參照P.41「內口袋的作法」

2. 製作提把

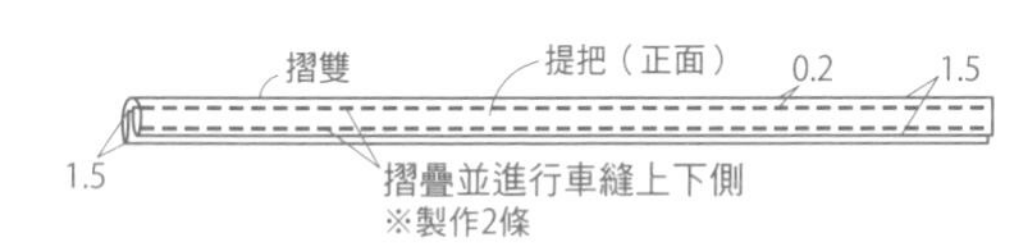

摺雙
提把（正面）
0.2
1.5
1.5
摺疊並進行車縫上下側
※製作2條

3. 製作束口穿繩布

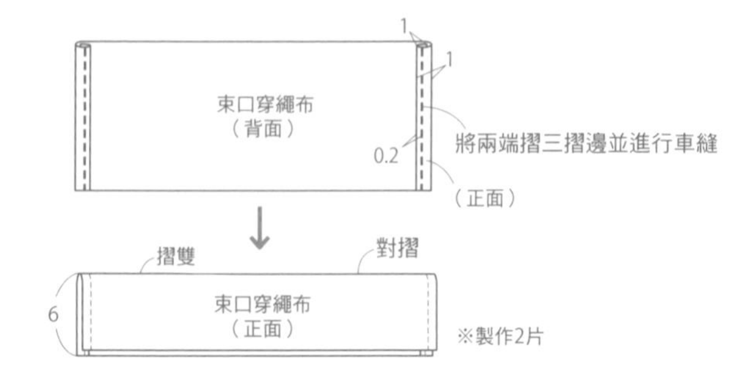

1
1
束口穿繩布
（背面）
0.2
將兩端摺三摺邊並進行車縫
（正面）
摺雙
對摺
6
束口穿繩布
（正面）
※製作2片

4. 將提把、束口穿繩布暫時固定於裡袋

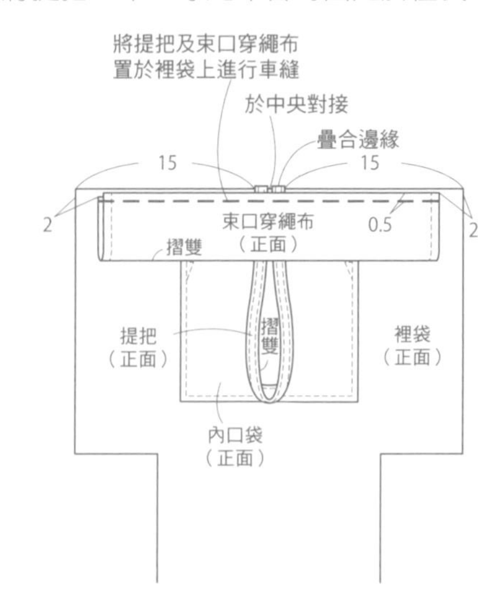

將提把及束口穿繩布
置於裡袋上進行車縫
於中央對接
疊合邊緣
15
15
2
2
束口穿繩布
（正面）
0.5
摺雙
提把
（正面）
摺雙
裡袋
（正面）
內口袋
（正面）

5. 完成裡袋

提把
（正面）

①正面相對對摺，
留下返口車縫脇邊。

6

1

10
cm
返
口

裡袋
（背面）

脇邊

脇邊

1

摺雙　底部

裡袋
（背面）

脇邊

7　7　1

②燙開縫份，
車縫側身。

疊合袋底
及脇邊

6. 製作表袋

表袋
（正面）

表袋底
（背面）

止縫點

1

止縫點

①將表袋及表袋底正面相對，
車縫至止縫點。

表袋
（背面）

脇邊

脇邊

1

1

1

表袋底
（背面）

②另一邊也以相同方式進行車縫。

③將2片表袋正面相對，車縫脇邊，
最後翻至正面。

裁切表袋底的完成線

熨燙式接著襯
或SLICER襯

想要將底部作得較堅固時，
於表袋底背面黏貼接著襯

7. 縫合表袋及裡袋

表袋
（背面）

束口穿繩布（正面）

裡袋
（正面）

提把（正面）

將表袋及裡袋正面相對
車縫袋口，於正面以藏
針縫（P.44）縫合返口

1

疊合脇邊

表袋
（正面）

返
口

裡袋
（背面）

8. 穿入綁繩

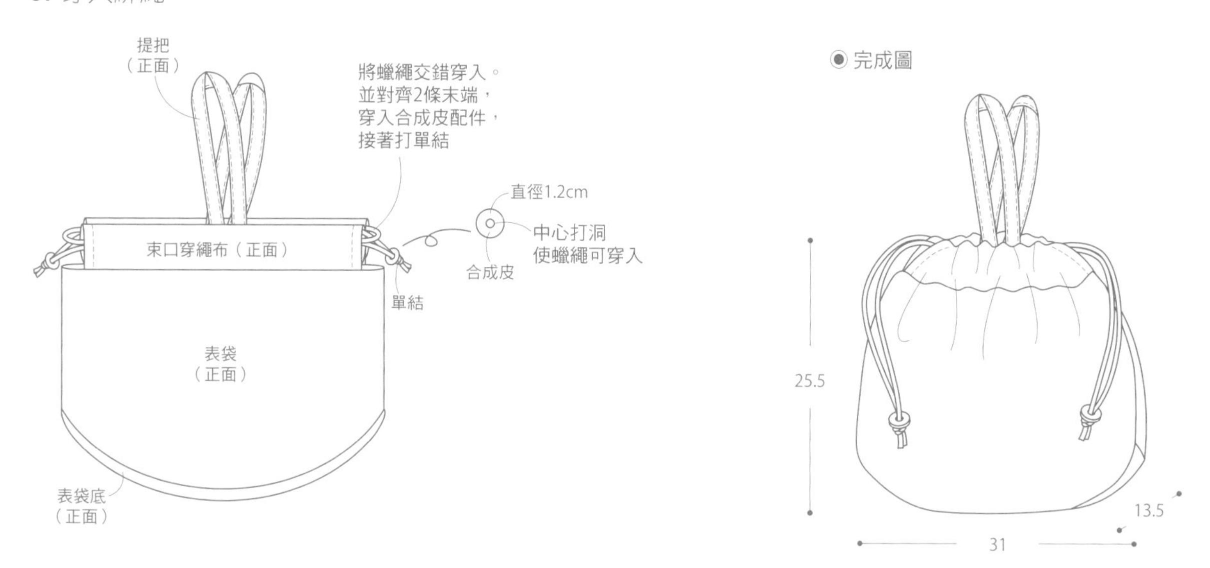

提把
（正面）
將蠟繩交錯穿入。
並對齊2條末端，
穿入合成皮配件，
接著打單結
直徑1.2cm
中心打洞
使蠟繩可穿入
合成皮
束口穿繩布（正面）
單結
表袋
（正面）
表袋底
（正面）
◉ 完成圖
25.5
13.5
31

手拿包／側身款

Photo P.31

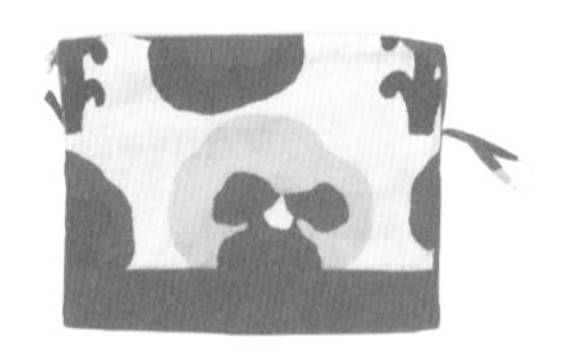

◉ 材料

・棉麻布（kauniste／Orvokki　藍色）…寬150cm×30cm
・11號帆布（藍色）…寬90cm×20cm
・尼龍牛津布（藍色）…寬117cm×60cm
・長50cm的雙開塑鋼拉鍊…1條

◉ 材料memo

棉、麻、尼龍等普通～略厚的布料。由於要進行袋縫，因此表袋不使用太厚的布料較好縫製。

◉ 原寸紙型

A面【10】〈1～3〉
1-表袋　2-表袋底　3-裡袋

◉ 裁布圖　※單位為cm　※已含縫份
※提把、吊耳、內口袋，直接於布料上畫線裁剪

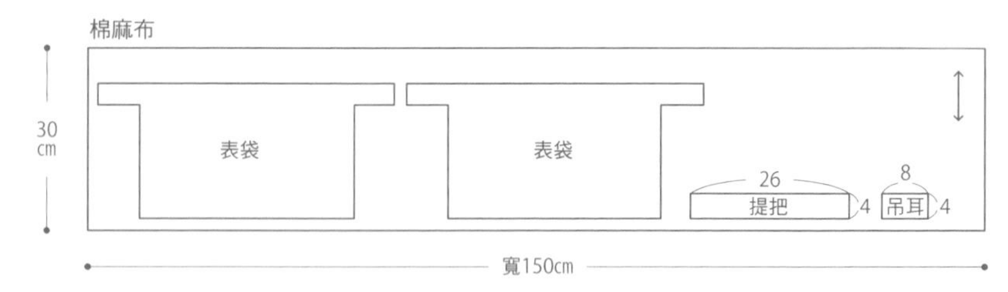

棉麻布
30
cm
表袋
表袋
26
提把
4
8
吊耳
4
寬150cm

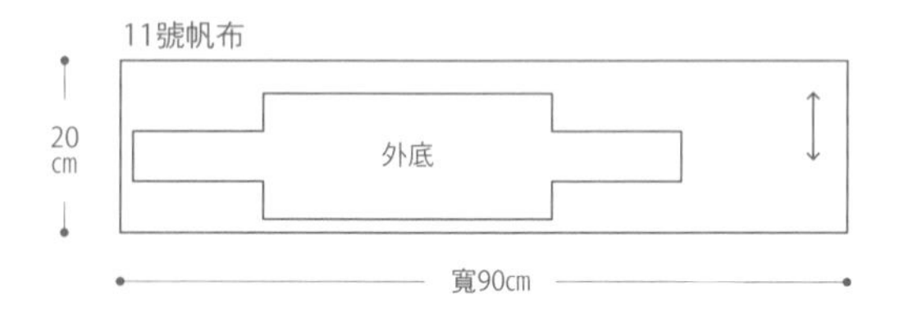

11號帆布
20
cm
外底
寬90cm

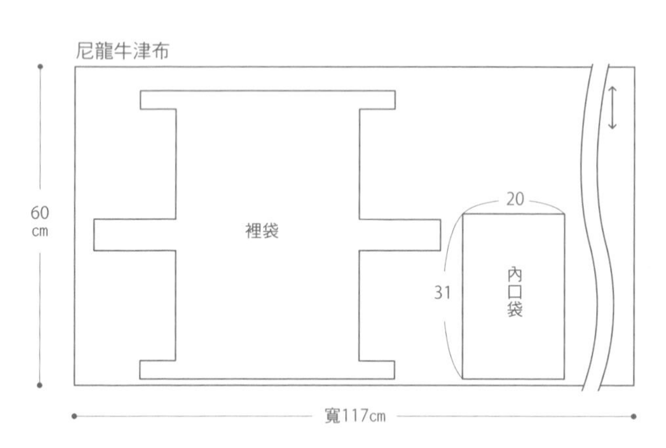

尼龍牛津布
60
cm
裡袋
20
31
內口袋
寬117cm

◉ 作法　※單位是cm

1. 製作內口袋，並接合於裡袋

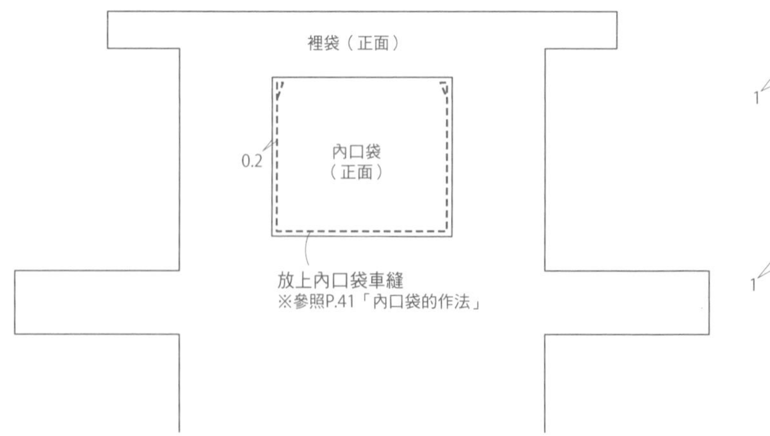

裡袋（正面）
0.2
內口袋
（正面）
放上內口袋車縫
※參照P.41「內口袋的作法」

2. 製作提把&吊耳

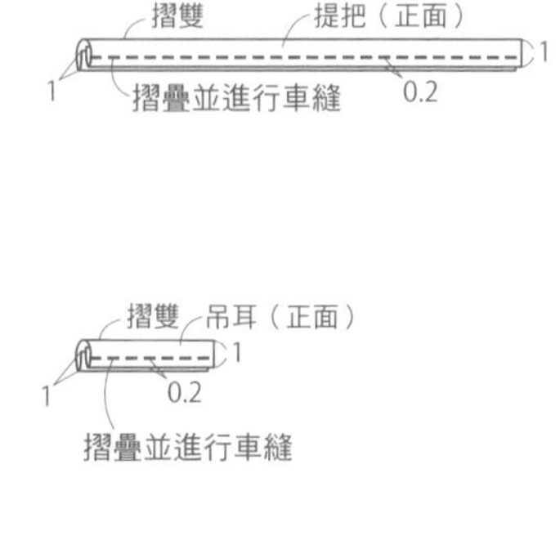

摺雙
提把（正面）
1
1
摺疊並進行車縫
0.2
摺雙
吊耳（正面）
1
1
0.2
摺疊並進行車縫

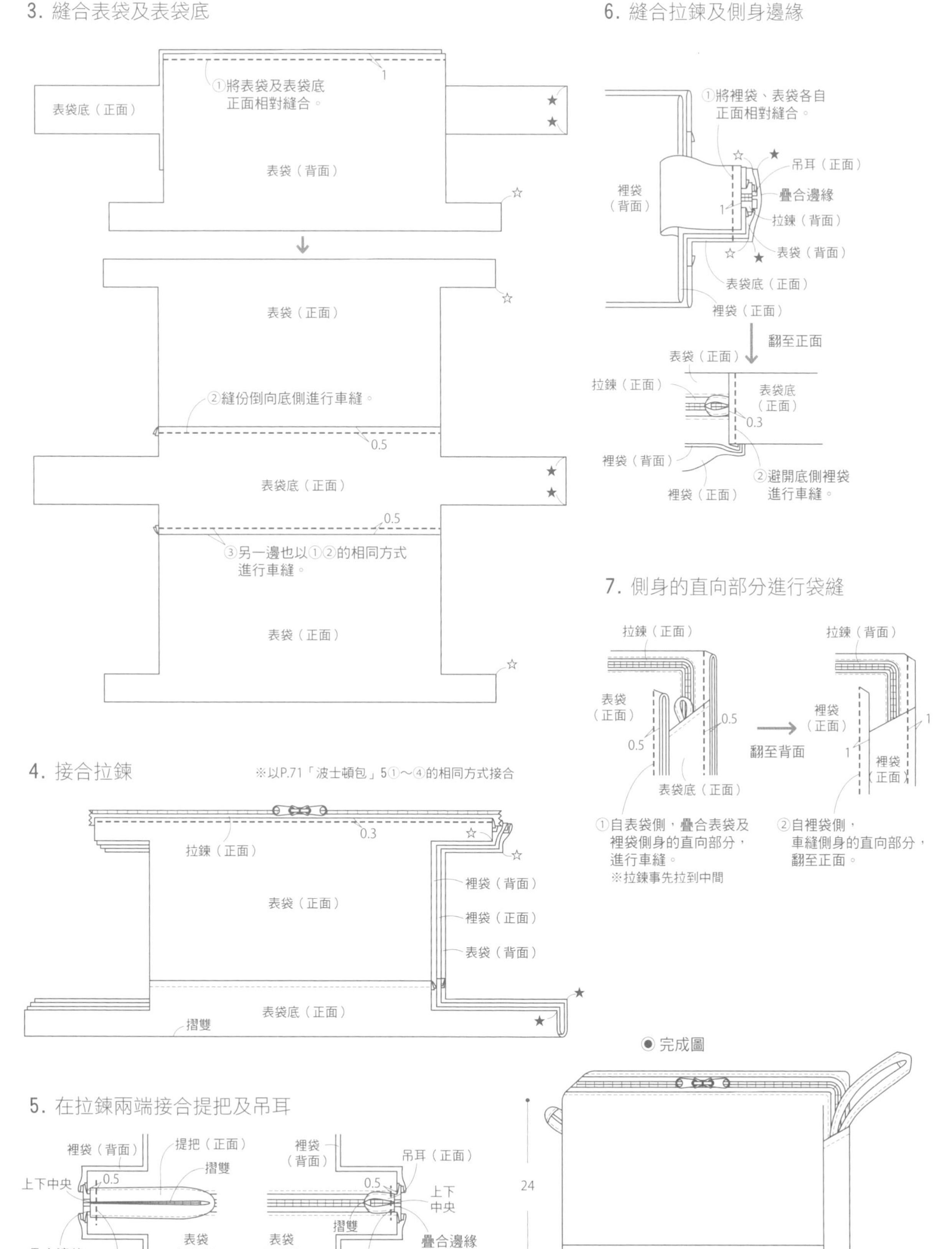
3. 縫合表袋及表袋底
①將表袋及表袋底
正面相對縫合。
1
表袋底（正面）
表袋（背面）
表袋（正面）
②縫份倒向底側進行車縫。
0.5
表袋底（正面）
0.5
③另一邊也以①②的相同方式
進行車縫。
表袋（正面）
4. 接合拉鍊
※以P.71「波士頓包」5①～④的相同方式接合
0.3
拉鍊（正面）
表袋（正面）
裡袋（背面）
裡袋（正面）
表袋（背面）
表袋底（正面）
摺雙
5. 在拉鍊兩端接合提把及吊耳
裡袋（背面）
提把（正面）
摺雙
上下中央
0.5
疊合邊緣
表袋
（正面）
放上對摺的提把，
暫時固定
裡袋
（背面）
吊耳（正面）
0.5
上下
中央
摺雙
表袋
（正面）
疊合邊緣
摺疊吊耳，
放上並暫時固定
6. 縫合拉鍊及側身邊緣
①將裡袋、表袋各自
正面相對縫合。
吊耳（正面）
裡袋
（背面）
疊合邊緣
1
拉鍊（背面）
表袋（背面）
表袋底（正面）
裡袋（正面）
翻至正面
表袋（正面）
拉鍊（正面）
表袋底
（正面）
0.3
裡袋（背面）
②避開底側裡袋
進行車縫。
裡袋（正面）
7. 側身的直向部分進行袋縫
拉鍊（正面）
拉鍊（背面）
表袋
（正面）
0.5
0.5
翻至背面
裡袋
（正面）
1
1
裡袋
（正面）
表袋底（正面）
①自表袋側，疊合表袋及
裡袋側身的直向部分，
進行車縫。
※拉鍊事先拉到中間
②自裡袋側，
車縫側身的直向部分，
翻至正面。
◉ 完成圖
24
33
3

坐姿貓咪迷你包

Photo P.32

◉ 材料

・羊毛針織布（灰色）…寬50cm×30cm
・編織印花布（紅色系）…寬50cm×30cm
・長20cm的金屬拉鍊…1條
・直徑4mm的的珍珠…2個
・手藝用化纖棉…適量

◉ 材料memo

棉、羊毛等略厚～厚的布料。表袋使用蓬鬆的刷毛布，相當可愛。

◉ 原寸紙型

B面【8】〈1～3〉
1-表袋前側・裡袋前片
2-表袋後片左・裡袋後片左
3-表袋後片右・裡袋後片右

◉ 裁布圖　※單位為cm　※已含縫份
※提把於布料上直接畫線裁剪

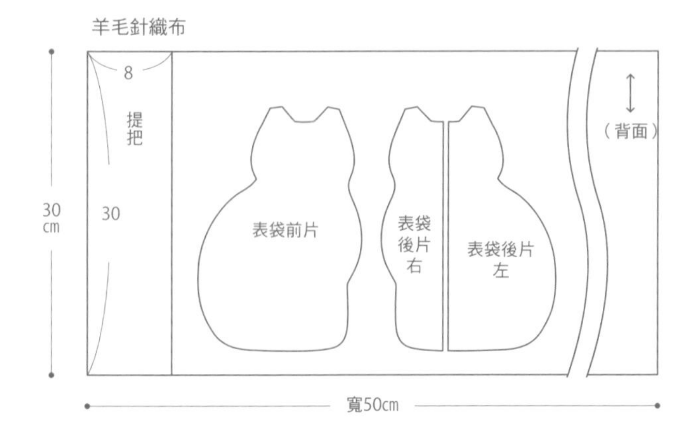

羊毛針織布
8
提把
30
30 cm
表袋前片
表袋後片右
表袋後片左
（背面）
寬50cm

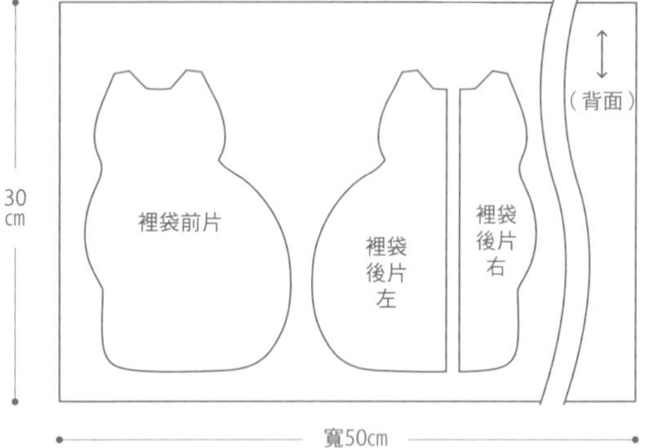

針織印花布
30 cm
裡袋前片
裡袋後片左
裡袋後片右
（背面）
寬50cm

◉ 作法　※單位為cm

1. 製作提把

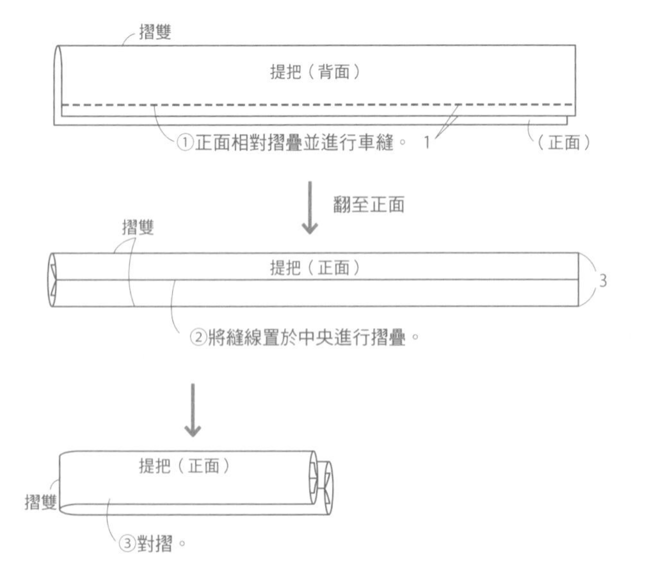

摺雙
提把（背面）
①正面相對摺疊並進行車縫。
1
（正面）
翻至正面
摺雙
提把（正面）
3
②將縫線置於中央進行摺疊。
提把（正面）
摺雙
③對摺。

2. 在表袋前片作出鬍鬚的裝飾線

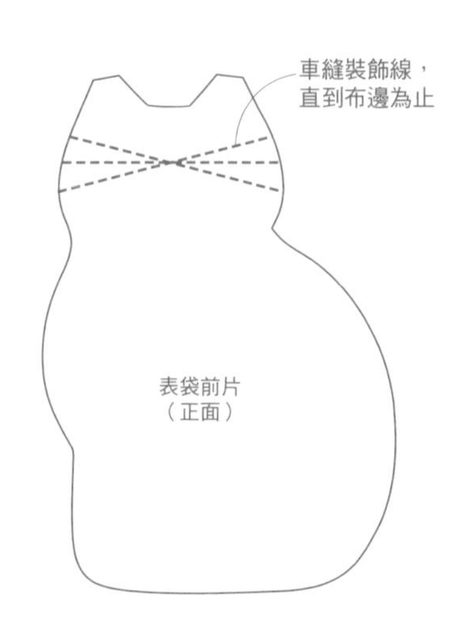

車縫裝飾線，
直到布邊為止
表袋前片
（正面）

3. 接合拉鍊

※參照P.46「拉鍊接合方式A」

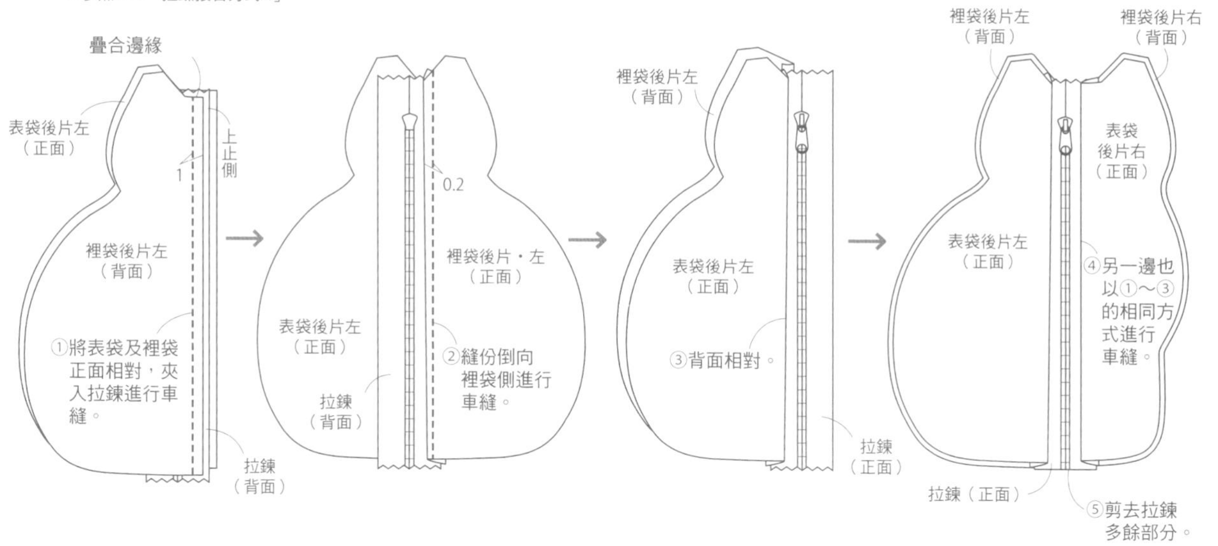

疊合邊緣
表袋後片左
（正面）
上止側
1
裡袋後片左
（背面）
①將表袋及裡袋正面相對，夾入拉鍊進行車縫。
拉鍊
（背面）
0.2
裡袋後片・左
（正面）
表袋後片左
（正面）
②縫份倒向裡袋側進行車縫。
拉鍊
（背面）
裡袋後片左
（背面）
表袋後片左
（正面）
③背面相對。
拉鍊
（正面）
裡袋後片左
（背面）
裡袋後片右
（背面）
表袋
後片右
（正面）
表袋後片左
（正面）
④另一邊也以①～③的相同方式進行車縫。
拉鍊（正面）
⑤剪去拉鍊多餘部分。

4. 將前片及後片正面相對縫合

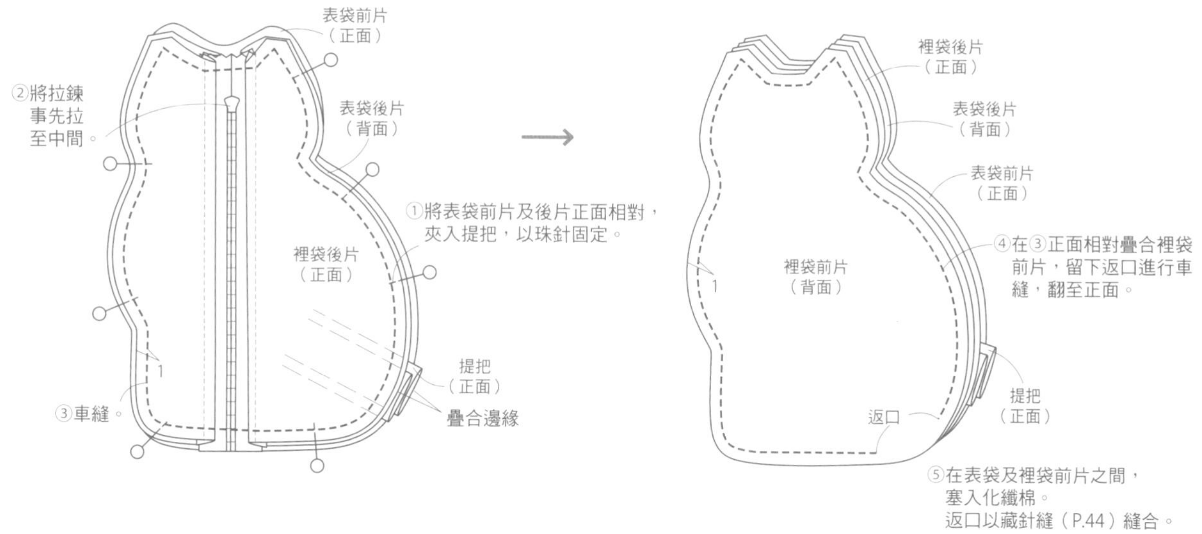

表袋前片
（正面）
②將拉鍊事先拉至中間。
表袋後片
（背面）
①將表袋前片及後片正面相對，夾入提把，以珠針固定。
裡袋後片
（正面）
1
③車縫。
提把
（正面）
疊合邊緣
裡袋後片
（正面）
表袋後片
（背面）
表袋前片
（正面）
④在③正面相對疊合裡袋前片，留下返口進行車縫，翻至正面。
裡袋前片
（背面）
1
提把
（正面）
返口
⑤在表袋及裡袋前片之間，塞入化纖棉。
返口以藏針縫（P.44）縫合。

◉ 完成圖

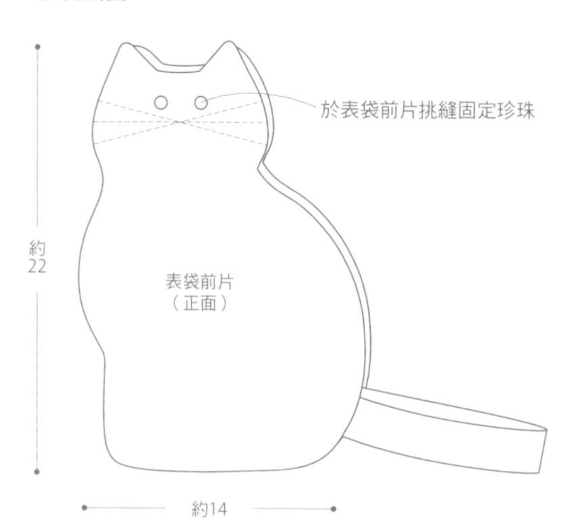

於表袋前片挑縫固定珍珠
約22
表袋前片
（正面）
約14

翻蓋肩背包

Photo P.29

◉ 材料

・棉麻布（LIBECO MOLE FABRIC　Petrole）…寬135cm×40cm
・尼龍牛津布（卡其色）…寬117cm×30cm
・木棉布（綠色）／滾邊布…2.8cm×60cm
・熨燙式接著襯（中～厚）…6cm×30cm
・寬3cm的尼龍織帶（卡其色）…68cm＆73cm各1條
・寬3cm的塑膠插釦（黑色）…1組
・直徑1.3cm的塑膠按釦…1組
・粗1.5mm的塑膠芯或繩子…55cm

◉ 材料memo

棉、麻等略厚～厚的布料。滾邊布除了使用相同布料之外，亦可以較薄的棉布條等喜歡的款式取代。

◉ 原寸紙型

B面【7】〈1～3〉
1-表袋前片　2-表袋後片・裡袋
3-袋蓋

◉ 裁布圖　※單位為cm　※在▭部分黏貼熨燙式接著襯
※已含縫份
※口布、提把、內口袋直接於布料上畫線裁剪

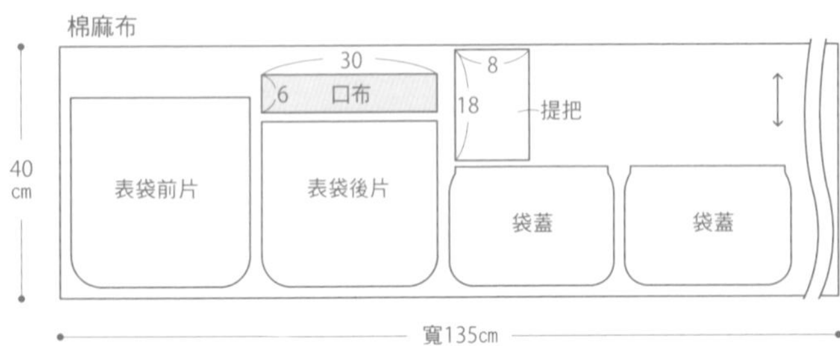

棉麻布
30
6
口布
8
18
提把
40
cm
表袋前片
表袋後片
袋蓋
袋蓋
寬135cm

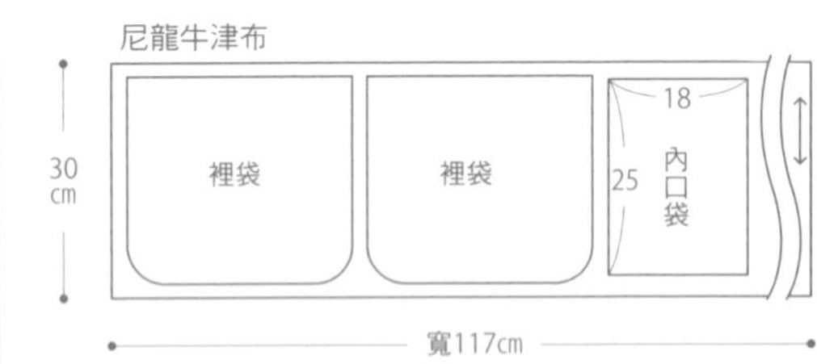

尼龍牛津布
30
cm
裡袋
裡袋
18
25
內口袋
寬117cm

◉ 作法　※單位為cm

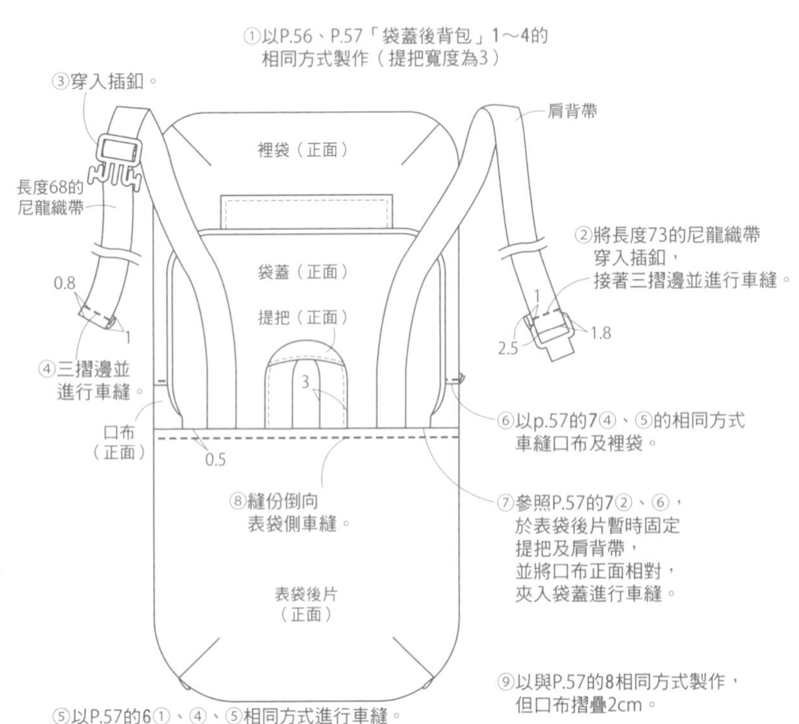

①以P.56、P.57「袋蓋後背包」1～4的相同方式製作（提把寬度為3）
③穿入插釦。
肩背帶
裡袋（正面）
長度68的尼龍織帶
②將長度73的尼龍織帶穿入插釦，接著三摺邊並進行車縫。
袋蓋（正面）
0.8
提把（正面）
1
1
2.5
1.8
④三摺邊並進行車縫。
3
口布（正面）
0.5
⑥以p.57的7④、⑤的相同方式車縫口布及裡袋。
⑧縫份倒向表袋側車縫。
⑦參照P.57的7②、⑥，於表袋後片暫時固定提把及肩背帶，並將口布正面相對，夾入袋蓋進行車縫。
表袋後片（正面）
⑨以與P.57的8相同方式製作，但口布摺疊2cm。
⑤以P.57的6①、④、⑤相同方式進行車縫。

◉ 完成圖

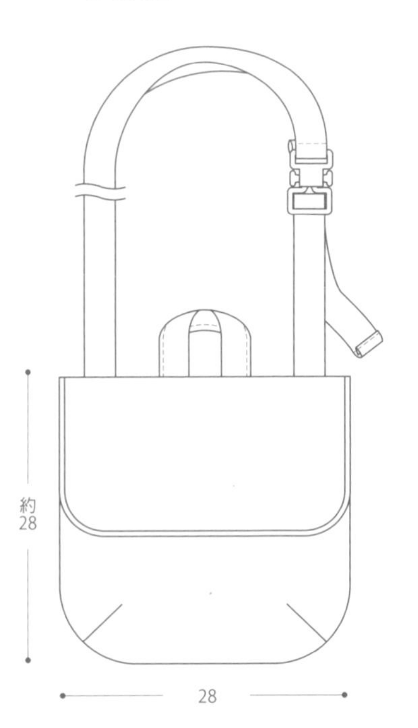

約28
28

迷你手拿包／無側身款

Photo P.34

◉ 材料

・牛津棉布（JC Flowers&Birds　灰色）…寬150cm×20cm
・11號帆布（漂白）…寬90cm×20cm
・長20cm的塑鋼拉鍊…1條

◉ 材料memo

棉、麻等一般～略厚的布料。想要作得較牢固時，在表袋或裡袋使用相當於11號帆布厚度的布料較佳。

◉ 裁布圖　※單位為cm　※已含縫份　※於布料上直接畫線裁剪

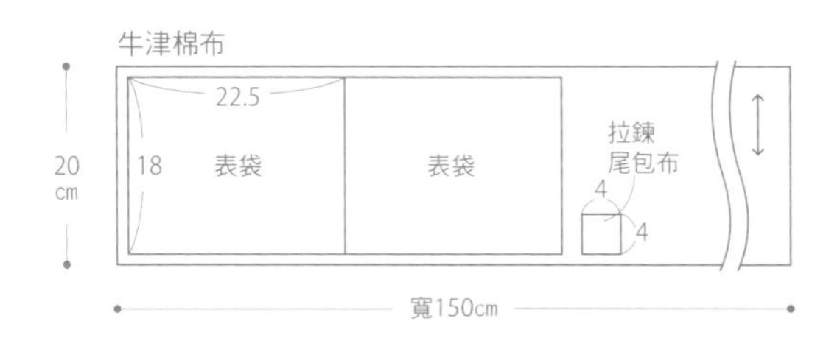

牛津棉布
22.5
20 cm
18
表袋
表袋
拉鍊尾包布
4
4
寬150cm

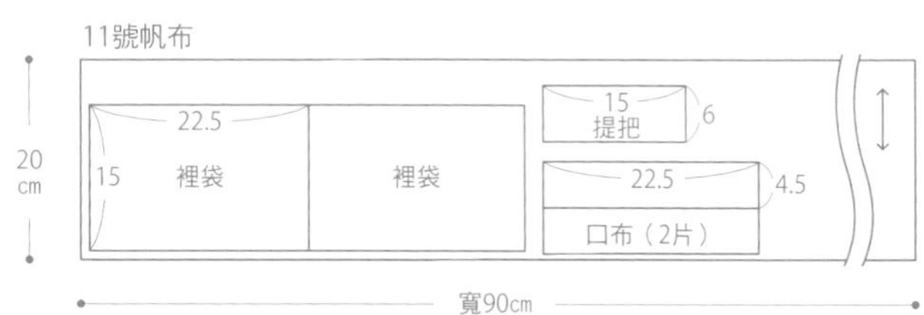

11號帆布
22.5
20 cm
15
裡袋
裡袋
15
提把
6
22.5
4.5
口布（2片）
寬90cm

◉ 作法　※單位為cm

1. 製作提把

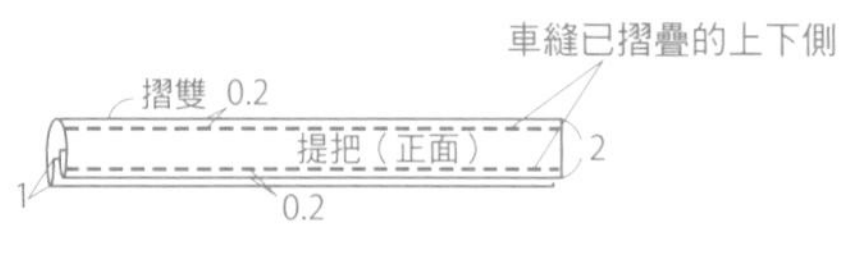

車縫已摺疊的上下側
摺雙 0.2
提把（正面）
2
1
0.2

2. 於表袋夾入提把進行車縫

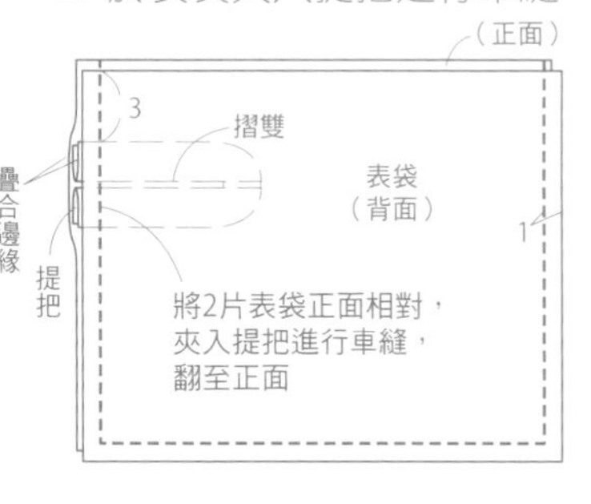

（正面）
3
摺雙
表袋
（背面）
1
疊合邊緣
提把
將2片表袋正面相對，
夾入提把進行車縫，
翻至正面

3. 接合拉鍊

※參照P.47「拉鍊的接合方式B」

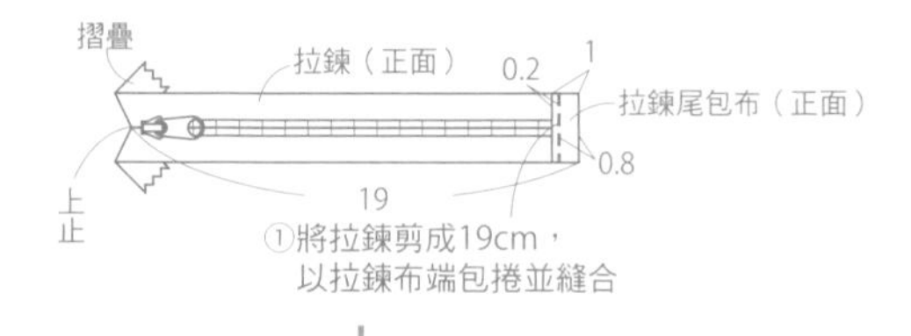

摺疊
拉鍊（正面）
0.2
1
拉鍊尾包布（正面）
0.8
19
上止
①將拉鍊剪成19cm，
以拉鍊布端包捲並縫合

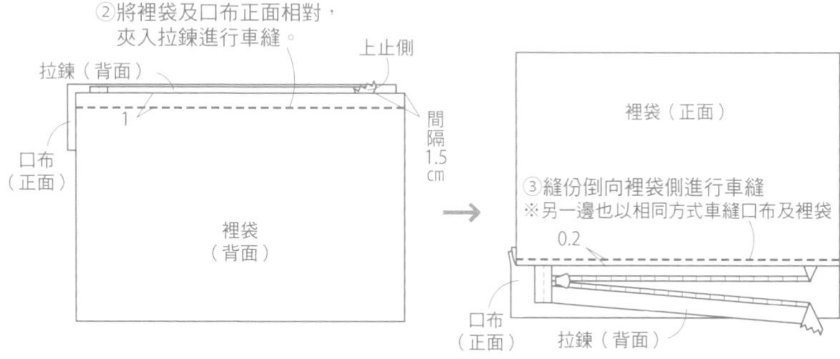

②將裡袋及口布正面相對，
夾入拉鍊進行車縫。
拉鍊（背面）
上止側
1
間隔1.5cm
口布（正面）
裡袋（背面）
裡袋（正面）
③縫份倒向裡袋側進行車縫
※另一邊也以相同方式車縫口布及裡袋
0.2
口布（正面）
拉鍊（背面）

4. 製作裡袋

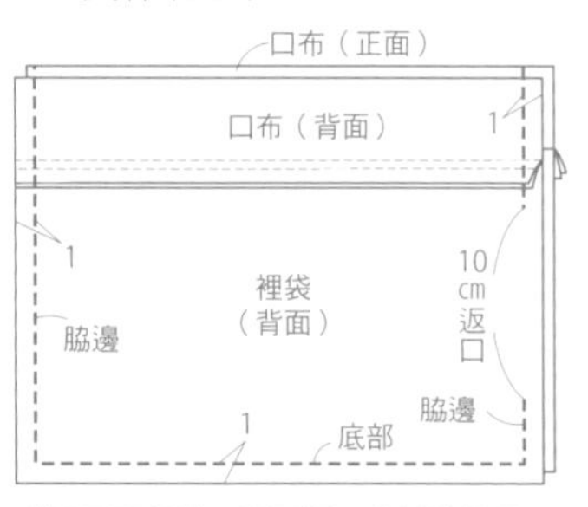

口布（正面）
口布（背面）
1
1
裡袋
（背面）
10 cm 返口
脇邊
脇邊
1
底部

將3正面相對，留下返口車縫脇邊及底部，燙開縫份。

5. 縫合表袋及裡袋

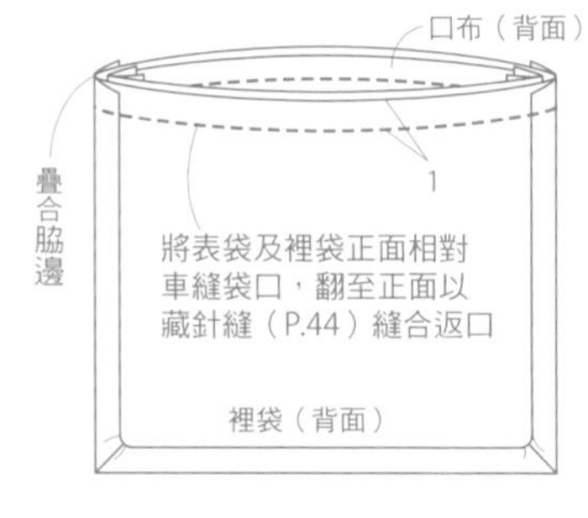

口布（背面）
疊合脇邊
1
將表袋及裡袋正面相對
車縫袋口，翻至正面以
藏針縫（P.44）縫合返口
裡袋（背面）

◉ 完成圖

縫合袋口
0.5
16
20.5

月亮迷你包

Photo P.34

◉ 材料

- 棉麻布（TANSAN TEXTILE／YASOU　白色）…寬117cm×30cm
- 長30cm的塑鋼拉鍊…1條

◉ 材料memo

棉、麻等一般～略厚的布料。推薦使用具有挺度的印花布料或較薄的牛仔布等材料製作。

◉ 原寸紙型

B面【9】〈1～3〉

1-表袋　2-裡袋　3-表袋底

◉ 裁布圖　※單位為cm　※已含縫份
※提把直接於布料上畫線裁剪

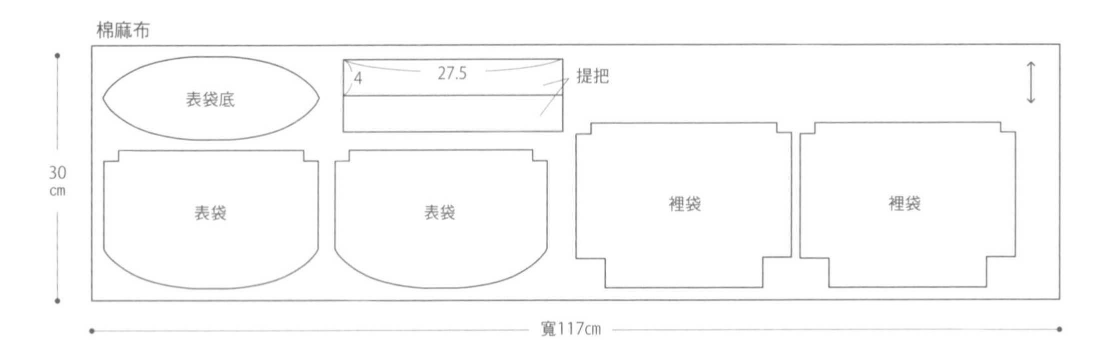

棉麻布
表袋底
27.5
4
提把
30
cm
表袋
表袋
裡袋
裡袋
寬117cm

◉ 作法　※單位為cm

1. 製作提把

2. 接合拉鍊

※參照P.46「拉鍊的接合方式A」

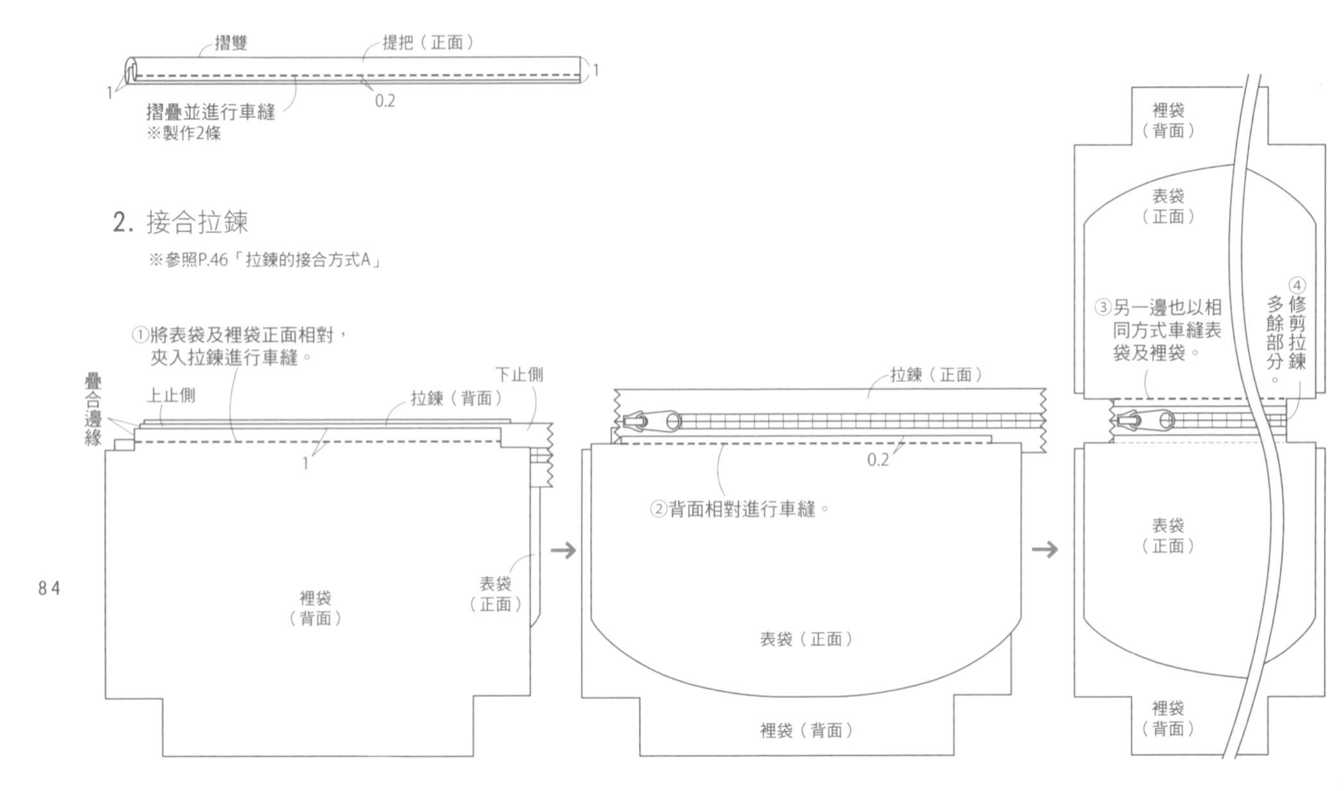

摺雙
提把（正面）
1
1
0.2
摺疊並進行車縫
※製作2條
①將表袋及裡袋正面相對，
夾入拉鍊進行車縫。
疊合邊緣
上止側
下止側
拉鍊（背面）
1
裡袋
（背面）
表袋
（正面）
拉鍊（正面）
0.2
②背面相對進行車縫。
表袋（正面）
裡袋（背面）
裡袋
（背面）
表袋
（正面）
③另一邊也以相同方式車縫表袋及裡袋。
④修剪多餘部分拉鍊。
表袋
（正面）
裡袋
（背面）

3. 暫時固定提把

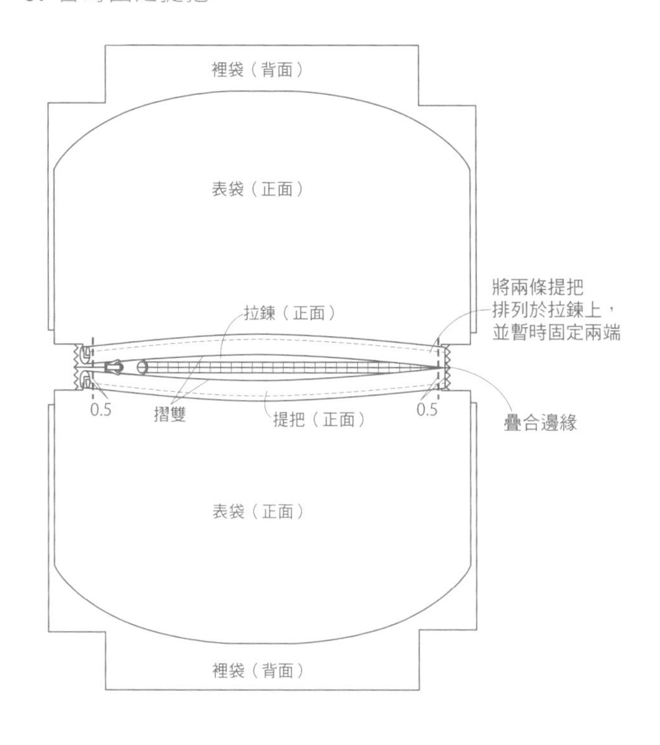

裡袋（背面）
表袋（正面）
將兩條提把
排列於拉鍊上，
並暫時固定兩端
拉鍊（正面）
0.5
摺雙
提把（正面）
0.5
疊合邊緣
表袋（正面）
裡袋（背面）

4. 車縫表袋及裡袋脇邊

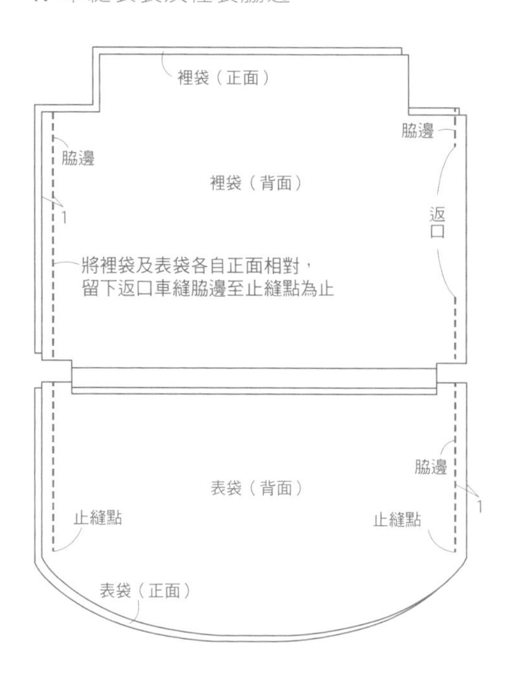

裡袋（正面）
脇邊
脇邊
裡袋（背面）
1
返口
將裡袋及表袋各自正面相對，
留下返口車縫脇邊至止縫點為止
脇邊
表袋（背面）
1
止縫點
止縫點
表袋（正面）

5. 車縫拉鍊兩端

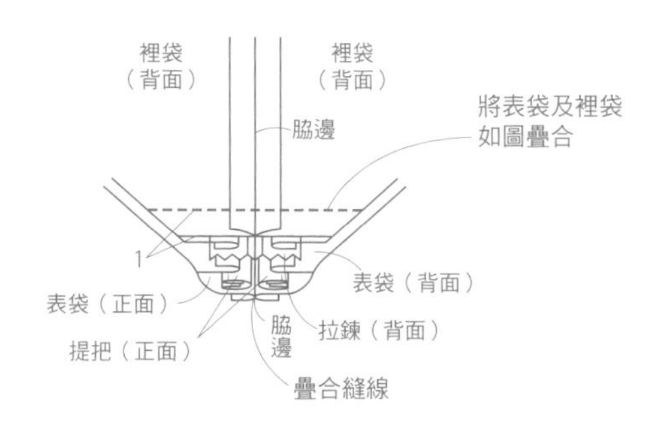

裡袋
（背面）
裡袋
（背面）
脇邊
將表袋及裡袋
如圖疊合
1
表袋（背面）
表袋（正面）
脇邊
拉鍊（背面）
提把（正面）
疊合縫線

6. 縫合表袋及表袋底

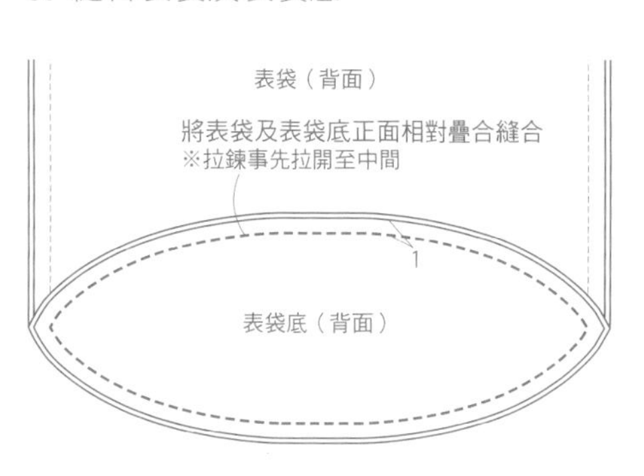

表袋（背面）
將表袋及表袋底正面相對疊合縫合
※拉鍊事先拉開至中間
1
表袋底（背面）

7. 車縫裡袋底部及側身

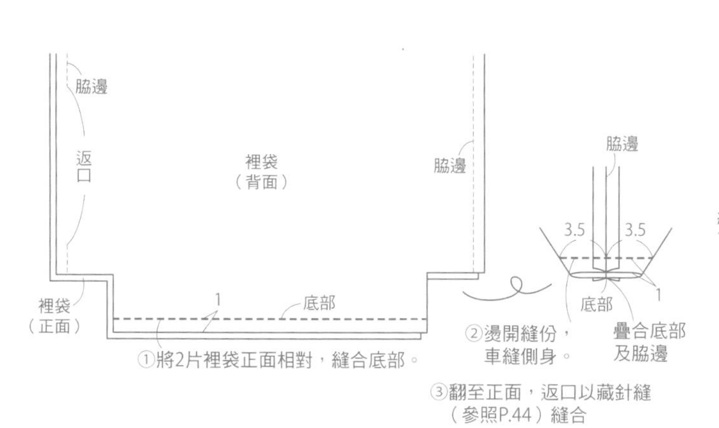

脇邊
返口
裡袋
（背面）
脇邊
裡袋
（正面）
1
底部
①將2片裡袋正面相對，縫合底部。
脇邊
3.5
3.5
底部
1
②燙開縫份，
車縫側身。
疊合底部
及脇邊
③翻至正面，返口以藏針縫
（參照P.44）縫合

◉ 完成圖

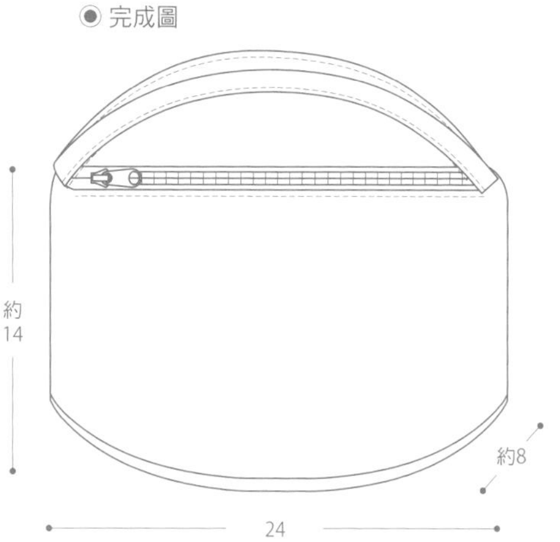

約
14
約8
24

蛋形小背包

Photo P.35

◉ 材料

・壓縮羊毛布（粉紅×灰色直條紋）…寬150cm×40cm
・尼龍牛津布（黑色）…寬117cm×30cm
・長20cm的塑鋼拉鍊…1條
・鋪棉…50cm×30cm

◉ 材料memo

棉、麻、羊毛布等一般～略厚的布料。搭配針扎棉可作出漂亮的蛋形。

◉ 原寸紙型

A面【11】〈1～4〉
1-表袋前片上・裡袋前片上　2-表袋前片下・裡袋前片下　3-表袋後片　4-裡袋後片

◉ 裁布圖　※單位為cm　※已含縫份
※背帶、拉鍊端布直接於布料上畫線裁剪
※鋪棉裁剪成表袋前片上、表袋前片下、裡袋後片的尺寸

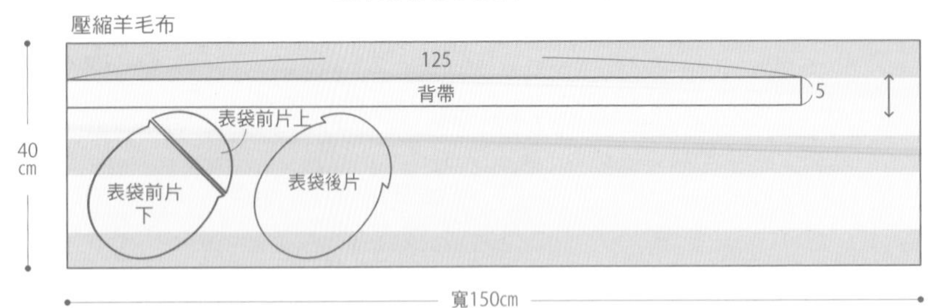

壓縮羊毛布
125
背帶
5
表袋前片上
表袋前片下
表袋後片
40 cm
寬150cm

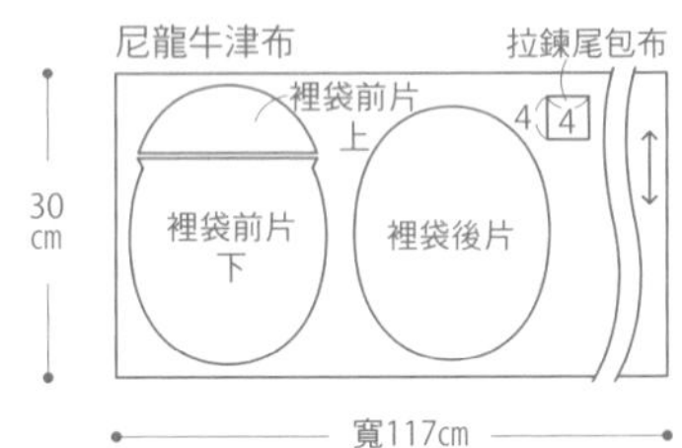

尼龍牛津布
拉鍊尾包布
裡袋前片上
4
4
30 cm
裡袋前片下
裡袋後片
寬117cm

◉ 作法　※單位為cm

1. 製作背帶

摺雙
背帶（正面）
四摺邊並進行車縫
0.2

2. 於表袋前片疊合上鋪棉

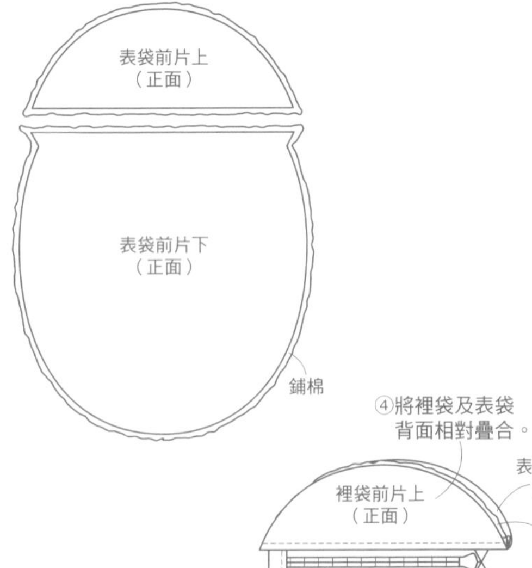

表袋前片上
（正面）
表袋前片下
（正面）
鋪棉

3. 製作前片

※參照P.47「拉鍊的接合方式B」

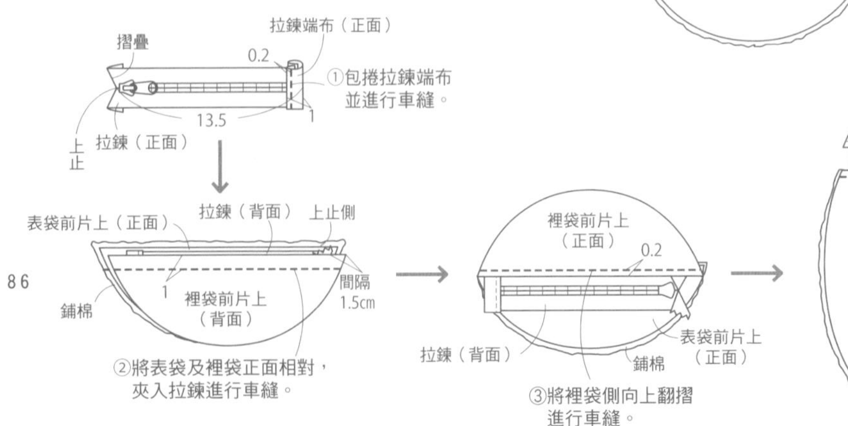

拉鍊端布（正面）
摺疊
0.2
①包捲拉鍊端布
並進行車縫。
13.5
1
上止
拉鍊（正面）
表袋前片上（正面）
拉鍊（背面）
上止側
1
間隔
1.5cm
鋪棉
裡袋前片上
（背面）
②將表袋及裡袋正面相對，
夾入拉鍊進行車縫。
裡袋前片上
（正面）
0.2
拉鍊（背面）
鋪棉
表袋前片上
（正面）
③將裡袋側向上翻摺
進行車縫。
④將裡袋及表袋
背面相對疊合。
表袋前片上
（背面）
裡袋前片上
（正面）
鋪棉
拉鍊（背面）
0.2
⑤另一側也以相同方式，
車縫裡袋前片下及
表袋前片下、鋪棉。
裡袋前片下
（正面）
表袋前片下
（背面）
鋪棉

4. 製作後片

5. 縫合前片及後片

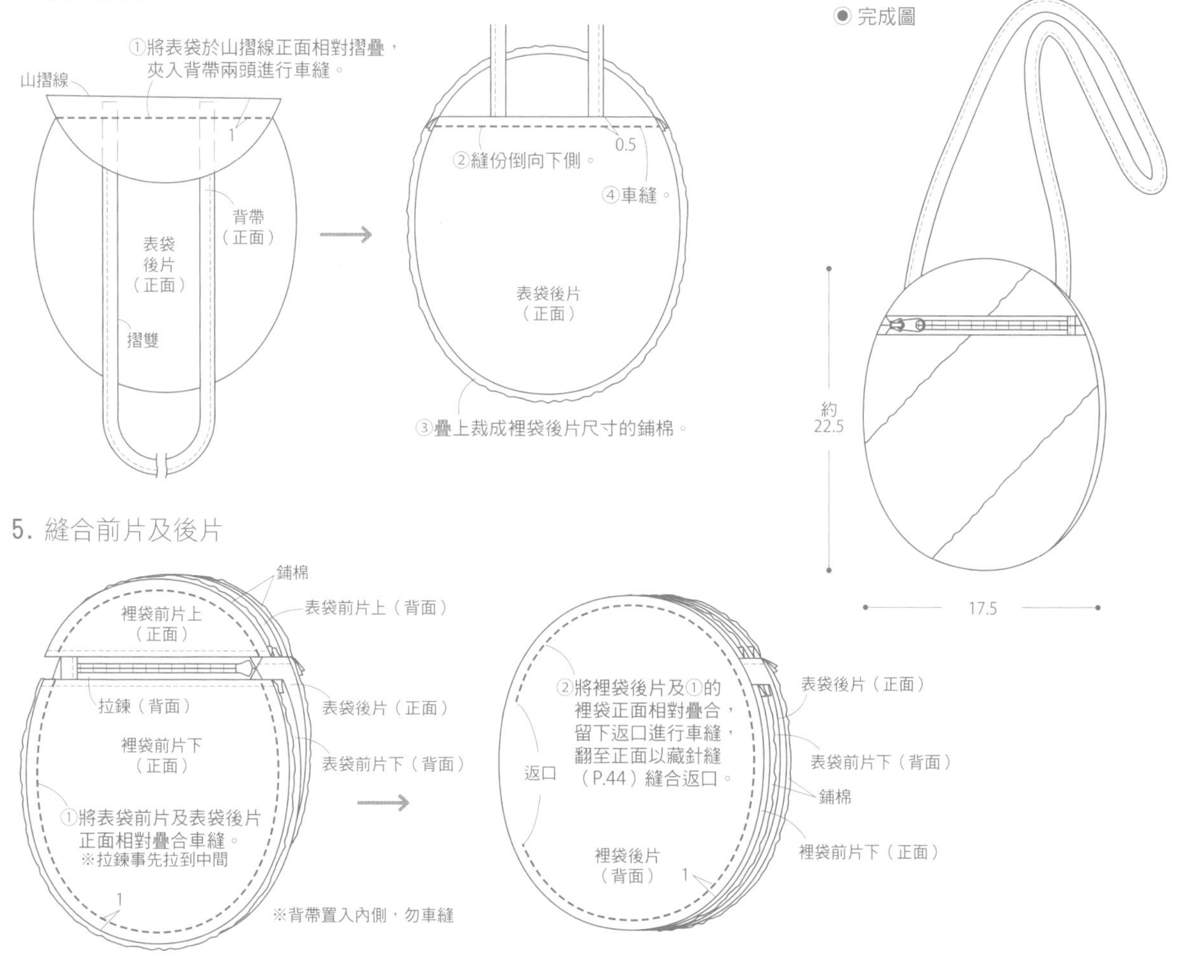

①將表袋於山摺線正面相對摺疊，
夾入背帶兩頭進行車縫。
山摺線
1
背帶
（正面）
表袋
後片
（正面）
摺雙
0.5
②縫份倒向下側。
④車縫。
表袋後片
（正面）
③疊上裁成裡袋後片尺寸的鋪棉。
◉ 完成圖
約
22.5
17.5
鋪棉
表袋前片上（背面）
裡袋前片上
（正面）
拉鍊（背面）
表袋後片（正面）
裡袋前片下
（正面）
表袋前片下（背面）
①將表袋前片及表袋後片
正面相對疊合車縫。
※拉鍊事先拉到中間
1
※背帶置入內側，勿車縫
②將裡袋後片及①的
裡袋正面相對疊合，
留下返口進行車縫，
翻至正面以藏針縫
（P.44）縫合返口。
返口
裡袋後片
（背面）
1
表袋後片（正面）
表袋前片下（背面）
鋪棉
裡袋前片下（正面）

◉ P.13拉鍊托特包／兒童款作法

※除了表袋後片、完成圖之外，
作法參照P.54、P.55

表袋後片的作法

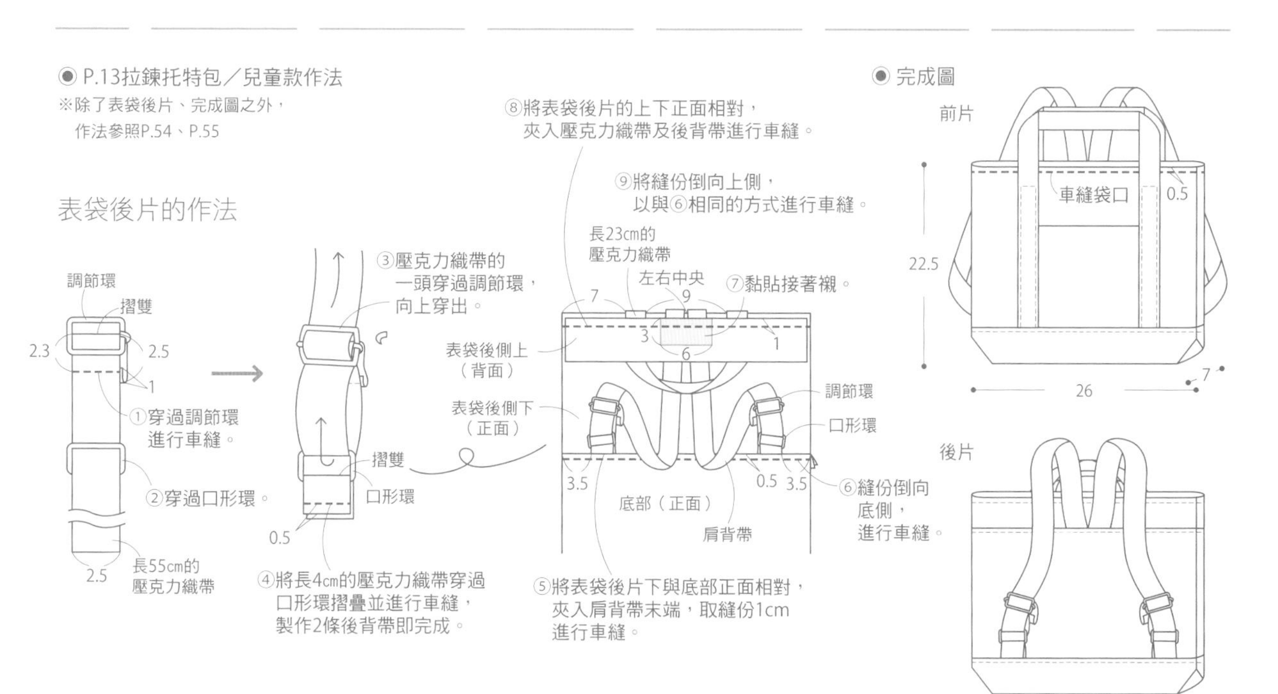

調節環
摺雙
2.3
2.5
1
①穿過調節環
進行車縫。
②穿過口形環。
2.5
長55cm的
壓克力織帶
③壓克力織帶的
一頭穿過調節環，
向上穿出。
摺雙
口形環
0.5
④將長4cm的壓克力織帶穿過
口形環摺疊並進行車縫，
製作2條後背帶即完成。
⑧將表袋後片的上下正面相對，
夾入壓克力織帶及後背帶進行車縫。
⑨將縫份倒向上側，
以與⑥相同的方式進行車縫。
長23cm的
壓克力織帶
左右中央
⑦黏貼接著襯。
7
9
3
6
1
表袋後側上
（背面）
表袋後側下
（正面）
調節環
口形環
3.5
0.5
3.5
⑥縫份倒向
底側，
進行車縫。
底部（正面）
肩背帶
⑤將表袋後片下與底部正面相對，
夾入肩背帶末端，取縫份1cm
進行車縫。
◉ 完成圖
前片
車縫袋口
0.5
22.5
26
7
後片

國家圖書館出版品預行編目資料

手作潮包日常提案：初學者也能完成的肩背包.托特包.百褶包.波士頓包.手拿包.迷你包 / roll著；周欣芃譯.
-- 初版. -- 新北市：雅書堂文化, 2019.09
面； 公分. -- (Fun手作；136)
ISBN 978-986-302-505-4(平裝)

1.手提袋 2.手工藝

426.7 108013096

Profile
roll（ロール）
高見直子
手藝家・縫紉作家。於 2005 年創辦品牌 roll。除了在網路商店販售紙型、版型之外，也從事與布料廠商或創作者合作的原創雜貨企劃製作等活動。
https://shop.tukurunuu-roll.com/

Staff
書籍設計…葉田いづみ
攝影…白井由香里（作品）、本間伸彥（步驟）
造型搭配…串尾広枝
妝髮…AKI
模特兒…KALINA
作法・紙型摹寫…八文字則子
製作協助…ホリエアヤコ
編輯…吉田晶子、小野奈央子
責任編輯…代田泰子

素材協力
・浅草ゆうらぶ http://www.youlove.co.jp/
・exterial fur shop http://exterial.shop-pro.jp/
・CALICO：the ART of INDIAN VILLAGE FABRICS http://www.calicoindia.jp/
・株式会社BAISTONE（倉敷帆布） https://store.kurashikihampu.co.jp/
・FIQ（フィーク）大阪店 http://www.fiq-online.com/
・LINNET https://www.lin-net.com/shop_linnen.html
・the linen bird Haberdashery http://www.linenbird.com/

攝影協力
・sarah wear
P20褲子、吊帶褲、P29裙子
・中川政七商店
P7襪子、P9項鍊、P12外套、P15上衣、P20襪子、P35毛衣
・AWABEES
・UTUWA

【FUN手作】136

手作潮包日常提案

初學者也能完成的肩背包・托特包・百褶包・波士頓包・手拿包・迷你包

作　　者／roll（ロール）
譯　　者／周欣芃
發 行 人／詹慶和
總 編 輯／蔡麗玲
執行編輯／黃璟安
編　　輯／蔡毓玲・劉蕙寧・陳姿伶・陳昕儀
執行美編／陳麗娜
美術編輯／周盈汝・韓欣恬
內頁排版／造極彩色印刷製版
出 版 者／雅書堂文化事業有限公司
發 行 者／雅書堂文化事業有限公司
郵政劃撥帳號／18225950
郵政劃撥戶名／雅書堂文化事業有限公司
地　　址／220新北市板橋區板新路206號3樓
電　　話／(02)8952-4078
傳　　真／(02)8952-4084
網　　址／www.elegantbooks.com.tw
電子郵件／elegant.books@msa.hinet.net

2019年9月初版一刷　定價 450 元

DONDENGAESHI NO BAG (NV80574)
Copyright ©roll/NIHON VOGUE-SHA 2018
All rights reserved.
Photographer:Yukari Shirai,Nobuhiko Honma
Original Japanese edition published in Japan by NIHON VOGUE Corp.
Traditional Chinese translation rights arranged with NIHON VOGUE Corp.
through Keio Cultural Enterprise Co., Ltd.
Traditional Chinese edition copyright © 2019 by Elegant Books Cultural Enterprise Co., Ltd

經銷／易可數位行銷股份有限公司
地址／新北市新店區寶橋路235巷6弄3號5樓
電話／(02)8911-0825
傳真／(02)8911-0801

版權所有・翻印必究
※本書作品禁止任何商業營利用途（店售・網路販售等）＆刊載，
請單純享受個人的手作樂趣。
※本書如有破損缺頁請寄回本公司更換

Heart Warming Life Series

Heart Warming Life Series

Heart Warming Life Series

Heart Warming Life Series